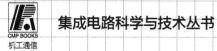

集成电路科学与技术丛书

U0193419

图解入门

半导体元器件

精讲

〔日〕执行直之 ◎ 著

娄　煜 ◎ 译

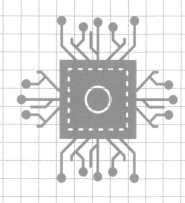

机械工业出版社

CHINA MACHINE PRESS

本书改编自东芝株式会社内部培训用书。为了让读者理解以硅（Si）为中心的半导体元器件，笔者用了大量的图解方式进行说明。理解半导体元器件原理最有效的图，其实是能带图。全书共 7 章，包括半导体以及 MOS 晶体管的简单说明、半导体的基础物理、PN 结二极管、双极性晶体管、MOS 电容器、MOS 晶体管和超大规模集成电路器件。在本书最后，附加了常量表、室温下（300K）的 Si 基本常量、MOS 晶体管、麦克斯韦-玻尔兹曼分布函数、关于电子密度 n 以及空穴密度 p 的公式、质量作用定律、PN 结的耗尽层宽度、载流子的产生与复合、小信号下的共发射极电路的电流放大倍数、带隙变窄以及少数载流子迁移率、阈值电压 V_{th}、关于漏极电流 I_D 饱和的解释。

　　本书主要面向具有高中数理基础的半导体初学者，也可供半导体、芯片从业者阅读。

Original Japanese title：ZOUHOBAN HAJIMETE NO HANDOTAI DEVICE

Copyright © 2022 Naoyuki Shigyo

Original Japanese edition published by Kindai Kagaku sha Co., Ltd.

Simplified Chinese translation rights arranged with Kindai Kagaku sha Co., Ltd.

through The English Agency（Japan）Ltd. and Shanghai To-Asia Culture Co., Ltd.

北京市版权局著作权合同登记　图字：01-2023-1020 号。

图书在版编目（CIP）数据

图解入门：半导体元器件精讲／（日）执行直之著；娄煜译 .—北京：机械工业出版社，2023.6（2024.10 重印）

（集成电路科学与技术丛书）

ISBN 978-7-111-73066-8

Ⅰ.①图… Ⅱ.①执…②娄… Ⅲ.①半导体集成电路−图解 Ⅳ.①TN43-64

中国国家版本馆 CIP 数据核字（2023）第 071185 号

机械工业出版社（北京市百万庄大街 22 号　邮政编码 100037）
策划编辑：杨　源　　　　　　责任编辑：杨　源
责任校对：梁　园　李　婷　　责任印制：常天培
北京机工印刷厂有限公司印刷
2024 年 10 月第 1 版第 4 次印刷
184mm×240mm・10.75 印张・204 千字
标准书号：ISBN 978-7-111-73066-8
定价：99.00 元

电话服务　　　　　　　网络服务
客服电话：010-88361066　机　工　官　网：www.cmpbook.com
　　　　　010-88379833　机　工　官　博：weibo.com/cmp1952
　　　　　010-68326294　金　书　网：www.golden-book.com
封底无防伪标均为盗版　机工教育服务网：www.cmpedu.com

前　言

PREFACE

写在前面

日常生活中，从必需的家电产品到汽车，许多现代设备的更新换代都是受半导体的发展所赐。身边的个人计算机与手机等更是频繁使用到半导体，相信这一点广为人知。

学习半导体的原理，了解它的构造，对于初学者来说门槛可能略高。想要认真学习的话，甚至还需要量子力学知识。到目前为止，出版了很多半导体方面的书，可是对于初学者来说，合适的书并不多见。

关于本书

如果要学习本书，有高中文化程度的物理学基础以及简单的数学基础就可以了，并不需要特别的专业知识。

构成大规模集成电路的器件大部分是 MOS 晶体管。因此第 1 章就先说明一下 MOS 晶体管的概要，为了深入理解，在第 2 章里介绍能带图[1]，第 3 章里介绍 PN 结二极管，在第 4 章

注释 1：结晶中电子能取得的能量大小是呈带状分布的，并只能分布在这些带中。这个区域被称为能带（在 2.1 节中会叙述）。

里介绍双极性晶体管，在第 5 章里介绍 MOS 电容器。对特别重要的 PN 结二极管以及 MOS 电容器的能带图画法进行了详细说明。在第 2 章中对空穴（hole）密度的求法进行了详细的解释说明。第 3 章使用能带图对 PN 结二极管的工作原理进行直观说明。在第 4 章中，对作为 PN 结二极管的自然延伸的双极性晶体管进行了说明。值得注意的是，理解双极性晶体管不只是理解其本身，对于理解 MOS 晶体管的原理也会有所帮助[2]。在第 5 章出现的 MOS 电容器可以被视为 PN 结二极管中的接合部分中加入了一层绝缘膜而得到的东西。因此，如果会画 PN 结二极管的能带图，也应该能立刻画出 MOS 电容器的能带图。能理解以上这些能带图，对于第 6 章 MOS 晶体管的工作原理也能直观理解。在同一章里，对于 MOS 晶体管的电流电压特性的物理意义，笔者会使用简单的式子进一步明确。在第 7 章中，对于作为超大规模集成电路元器件的 MOS 晶体管，笔者会对其微缩方向——缩放比例定律进行说明。然后，对于微缩化的难点——MOS 晶体管的短沟道效应，CMOS 器件的闩锁效应以及互连线的微缩化造成的信号延迟也会提及。作为延伸，对大规模集成电路中广泛使用的闪存技术也会进行概述。

注释 2：比如双极性晶体管中被称为集电极，并用来收集电子的这一部分，其作用和 MOS 晶体管中的漏极部分的作用是相同的。

笔者自 2001 年开始在大学教授半导体元器件相关科目。每年会教 70 名左右电气电子情报专业的学生，到目前为止，在课上也被问了许多问题。本书会提到这些问题并着重于如何让读者容易理解这些问题。

通过阅读本书，读者应该能画出 PN 结二极管以及 MOS 电容器的能带图。然后从这些能带图能进一步直观地理解半导体元器件的工作原理。在此希望读者能边读边问"为什么"。衷心希望这本书能成为读者理解半导体元器件的契机，成为读者深入学习的基础。

关于在授课中使用本书

为了让读者在自学自习中也能使用本书，每章的开头写有"目标""提前学习""这一章的项目"，章末有习题以及解答。

以下是笔者提议的学习计划。

第 1 课时：第 1 章 半导体以及 MOS 晶体管的简单说明。

第 2 课时：2.1 能带。

第 3 课时：2.2 费米统计与半导体。

第 4 课时：2.3 电中性条件以及质量作用定律。

第 5 课时：2.4 扩散与漂移，2.5 静电场的基本公式。

第 6 课时：3.1 PN 结二极管的结构以及整流作用，3.2~3.3 能带图。

第 7 课时：3.4 电流电压特性。

第 8 课时：第 4 章 双极性晶体管。

第 9 课时：5.1 MOS 电容器的 *C-V* 特性。

第 10 课时：5.2 MOS 结构的能带图，5.3 *C-V* 特性的频率依赖性。

第 11 课时：6.1 MOS 晶体管的工作原理。

第 12 课时：6.2 电流电压特性，6.3 NMOS 与 PMOS。

第 13 课时：6.4 反相器。

第 14 课时：7.1 器件微缩的方向：缩放比例定律，7.2 器件微缩的难点。

第 15 课时：7.3 互连线微缩造成的信号延迟，7.4 闪存。

其中，如果将第 6 课时 3.1~3.3 节的 PN 结二极管的能带图作为重点而使用两次课时学习，则可省略掉第 8 课时出现的第 4 章内容即双极性晶体管部分，或者省略掉第 15 课时的

7.3 节和 7.4 节的互连线微缩造成的信号延迟以及闪存的内容。

致谢

在写这本书的过程中，得到了来自东芝株式会社多位员工的帮助，笔者想在此表示深深的感谢。

这本书的由来是当时在东芝株式会社内部写书的机会。笔者想对给我这个机会并在之后提供许多帮助的田中真一先生表示感谢。对参与校阅本书的松川尚弘先生、间博显先生、谷本弘吉先生、堀井秀人先生、远田利之先生、金箱和范先生、成毛清实先生、远藤真人先生、竹中康记先生表示感谢。对岩佐知惠女士的支持和帮助表示感谢。

另外想对近代科学社的山口幸治先生、大塚浩昭先生、安原悦子女士表示感谢。

最后，想对一直以来安静地关照着在休息日写书的笔者的妻子表示感谢。

> 这本书是基于东芝株式会社面向集团内部发行的《面向初学者的半导体器件》增补改编而来的。

关于增补版

本书自从 2017 年 3 月出版发行以来，被众多大专院校指定为教科书，赢得了诸多好评，以至重印了 3 次之多。这次为了更加深入地说明基本的 MOS 晶体管的电流电压特性，而发行了增补版。

增补版的主要变化在于以下两点：其一，追加了"MOS 晶体管的漏极电流 I_D 的饱和原因"。I_D 的饱和是非常基础的。在增补版中，追加了漏极电流的饱和原因——沟道的源端的电场 E_s

饱和了，源端的载流子速度v_s变为定值。其二，在附录里添加了"从基本专利到实用化花了 32 年的 MOS 晶体管"。

衷心希望本书能在添加以上增补内容后，对更广大的读者有所帮助。

执行直之

2022 年 2 月

CONTENTS 目录

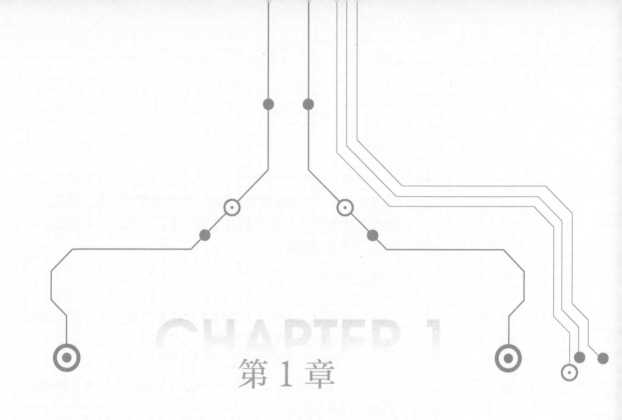

第 1 章

半导体以及MOS晶体管的简单说明

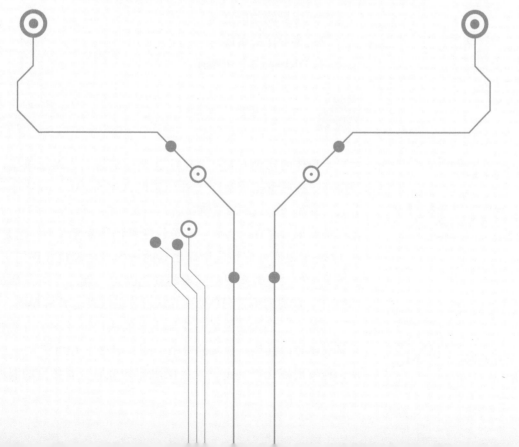

[目标]

这里，笔者想从半导体的代表——硅（Si）开始说起。首先学习二极管和晶体管的发明这一段半导体的历史。接着，了解半导体有别于金属的两个特征。然后，理解本书主题——MOS 晶体管的概要。

[提前学习]

（1）阅读 1.1 节，了解硅在地球上大量存在，并做到能说明二极管以及晶体管的发明这一段半导体的历史。

（2）阅读 1.2 节，能说出半导体的两个重要特征。

（3）阅读 1.3 节，理解 MOS 晶体管的两个特征，即开关与放大这两种作用。

[这一章的项目]

（1）半导体的历史。

（2）半导体的概述。

（3）MOS 晶体管的概述。

1.1　半导体的历史

注释 1：在这本书中以元素符号 Si 来表示。

注释 2：石英是二氧化硅（SiO_2）结晶形成的矿物。其中无色透明的被称为水晶。

注释 3：因为温度上升后，晶格的振动会加剧并妨碍到电子的流动。

半导体的代表元素硅（Si）[1] 在地球的岩石以及土壤中广泛分布。按质量比重来计算 Si 元素的占比为 25%，仅次于氧元素。Si 主要是以和氧紧密结合的石英[2] 这一形式存在的，并不以单质形式存在。为此，石英一度被误认为是单质。但是，在 1787 年因质量守恒定律而出名的法国科学家拉瓦锡指出，石英是一种没有被发现的元素的氧化物这一概念。36 年后的 1823 年，瑞典的贝采利乌斯率先从石英里分离出了 Si 单质。

1839 年，因为研究电磁学而出名的法拉第发现了有些物质具有半导体性质。金属的电阻会随着温度上升而变大[3]。然而，他发现硫化银（Ag_2S）的电阻却和金属有着相反的温度特性。因为他发现 Ag_2S 的电阻会随着温度的上升而变小。

对于金属而言，电流的有无与电压的施加方向无关。1874 年，发明阴极射线管的布朗，发现了发生于金属与半导体的接触面的**整流**（rectification）作用。如图 1.1 所示，整流作用是指，通过改变电压施加方向，会出现有电流流动和没有电流流动两种结果。拥有这种特性的元器件被称为**二极管**（diode）[4]。

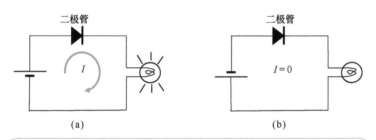

半导体元器件伴随着第二次世界大战及其中的雷达技术的发展而突飞猛进。为了让雷达的接收灵敏度得以提高，科学家发现比起使用真空管[5]，使用能应付更高频率的二极管更为有效[6]。1942 年，宾夕法尼亚大学和贝尔实验室分别发现了一种重要的半导体特征，即在 Si 中添加硼（B）这一**杂质**（impurity）[7]后，Si 的电阻值会大幅下降。

MOS（Metal-Oxide-Semiconductor）[8]**晶体管**（transistor）[9]的基本专利于 1933 年被利林费尔德获得。但是当时半导体的理论并不坚实，也没有稳定制造半导体的技术，所以当时并没有被实用化。彼时贝尔实验室考虑到，为了扩充电话网络，需要一种能代替真空管的器件[10]。因此，于 1938 年设立了以肖克利为中心的固体物理基础研究团体。其为了开发 MOS 晶体管，反复进行了许多实验，但都进展缓慢。主要原因是，Si 的表面状态并不十分理想。到了 1947 年，巴丁与布喇顿在未能成功地在锗的基板上形成绝缘膜的情况下，就让电极和半导体直接接触并在半导体上施加[11]了电压。可是这次接触却意外发挥了**双极性晶体管**（bipolar transistor）的功能：他们发现实验对象有了电流放大效果。说是意外所得是因为，MOS 晶体管和双极性晶体管本是属于不同结构的东西。由于肖克利当时在出差，所以这个点接触的双极性晶体管就算是巴丁与布喇顿两人的发明了。之后肖克利又于 1948 年发明了并非点接触的，而是以面接触的双极性结型晶体管，并于 1949 年发表了 PN 结理论以及双极性结型晶体管的理论。1956 年，肖克利、巴丁、布喇顿三人因发明晶体管而同时获得诺贝尔奖。

1954 年，德州仪器公司（TI）通过应用双极性晶体管而率先开发出晶体管收音机。1955 年，东京通信工业公司（现为索尼）开始销售晶体管收音机。

1958 年，TI 公司的基尔比发明了集成电路。基尔比因为这一成就而于 2000 年获得诺贝尔奖。

1960 年，贝尔实验室的姜大元与阿塔拉发现，在 Si 表面进行氧化反应后得到的 Si 的氧化膜（SiO_2）会让 Si 表面的稳定性大幅提高，这是一项对于 MOS 晶体管实用化而言不可或缺的贡献。几年后，湿法清洗技术于 1965 年被 RCA（美国无线电公司）的克恩所发明，MOS 晶体管终于能被实用化了（见【附录 3】）。

自集成电路发明之后，半导体实现了飞跃式的发展。机械式的电话交换机、机械式的钟表都被电子化了，机械式的计算机也被电子化了。近代，个人计算机（PC）逐渐普及，互联网也登场了。最近，PC 也在朝着手机方向进一步发展。

1.2 半导体的概述

半导体有着和金属不同的两大特征。其一，温度上升，电阻随之下降。其二，经过砷（As）以及硼（B）等杂质的掺杂后，电阻会下降。比如，Si 是第 Ⅳ 主族的元素，通过 As（第 Ⅴ 主族的元素）以及 B（第 Ⅲ 主族的元素）的掺杂后，其电阻会下降。关于这些半导体的特征，我们在下面简述其成因。

金属在绝对零度时电阻值最小，温度上升时电阻会变大。

可是对于半导体来说，在绝对零度时即使施加电场也不会有电流流动。温度上升后电流开始流动，阻值变小。也就是说其展示出和金属完全相反的温度特性。因为 Si 的电子在原子核周围有 14 个。其中 10 个电子被原子核紧紧束缚。另外的 4 个电子充当 Si 结晶中的"键手"来发挥[12]作用。因此，低温状态下的半导体并没有自由电子，而通过提高温度给予其热量，使键被切断之后电子才可以自由流动，并形成电流。

Si 里掺杂 As 或者 B 之后，电阻会下降。这是由于 As 比 Si 有更多**价电子**（valence electron）[13]。这种半导体是靠带有负（negative）电荷的电子而形成的电流，所以也称为 **N 型**（N-type）半导体[14]。而另一方面，B 比 Si 少了一个价电子，这种不足的部分会导致形成电子缺失的"空洞"，称为空穴（hole，也称为正孔）并带有正电荷。通过这些带有正电荷的空穴而形成电流的半导体被称为 **P 型**（P-type）半导体。

注释 12：Si 拥有 4 个形成键用的"手"即电子，相邻的 Si 通过共享电子而形成结晶结构。这种结合方式被称为共价键（2.2.4 节中会进一步说明）。

注释 13：价电子在原子最外层，是决定了原子的化合价以及化学性质的电子。

注释 14：N 型和 P 型半导体的详细内容将在 2.2.4 节叙述。

1.3　MOS 晶体管的概述

超大规模集成电路（VLSI，Very Large Scale Integration）中使用的器件主要是 MOS 晶体管，并且一个大规模集成电路（LSI）中至少集成了 10 亿个这样的晶体管。在此，笔者想简单介绍一下 MOS 晶体管。

后文中使用超大规模集成电路代替超大规模集成电路，使用缩写 LSI 代替大规模集成电路。

MOS 晶体管的代表性结构示意图如图 1.2（a）所示。P 型的 Si 衬底（P 衬底）上，有两个电子比较多的，属于 N 型（N-type）的区域。这两个区域分别被称为**源极**（source）与**漏极**（drain）。源极与漏极之间的 P 衬底的区域之上有氧化膜覆盖（一般来说其材料为 SiO_2），更上面则是被称为栅极的 N 型多晶 Si。N 型的源极与 P 衬底接触的氧化膜表面，栅极电压 V_G 如果是 0V，那么就如之后在 3.2.2 节会讲到的，那里会存在势垒（potential barrier），即使在漏极加上电压也不会有电流流动。然而就像图1.2（b）所示，加上正的V_G电压之后，这个势垒就会变低，从源极向漏极运动的通路就形成了。这样的通路被称为**沟道**（channel）。

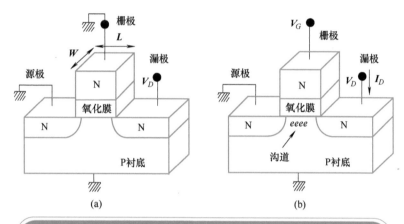

图 1.2　MOS 晶体管的结构。（a）在栅极施加 0V 的电压时，不会有电流流动。（b）在栅极施加正电压后，电流开始流动

通过向漏极施加正的电压，电子就会从源极向漏极运动。如果提高V_G，Si 表面的势垒就会更低。如图 1.3 所示，漏极电流I_D就会增加。而图 1.4 展示的是沟道的氧化膜/P 衬底界面的电子流动模式。电子会从供给源头的源极被排出，而朝着漏极方向运动。在这一过程中，栅极电压V_G控制着漏极电流I_D的大小。换言之，栅极担负着沟渠的深浅变化调节的作用。

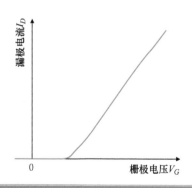

图 1.3　MOS 晶体管的电流电压特性

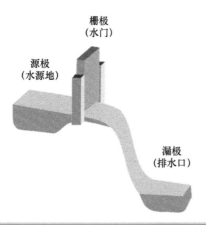

图 1.4　从源极到漏极的电子流动（沟道的氧化膜/P 衬底界面）

如图 1.3 所示，V_G 处于 0V 时电流是不会流动的，并处于关闭状态。通过施加一个正的 V_G 电压，电流开始流动，转为导通状态。这么说起来，MOS 晶体管就相当于一个数字开关。实际上，MOS 晶体管是构成数字电路以及模拟电路的重要元器件。

另外，MOS 晶体管也有**放大作用**。如图 1.5 所示，输入信号 v_{in} 被施加到栅极上时，会改变 I_D，进一步改变输出电压 v_{out}（$v_{out}=I_D R_L$）。如果可以让**负载电阻**（load resistance）R_L 的阻值很大，即使是 V_{in} 的微小变化，也会使得 V_{out} 有很大的变化。因此我们说 MOS 晶体管可以使得信号放大。

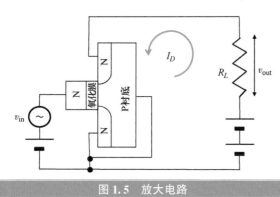

图 1.5　放大电路

在这一章中，作为半导体元器件的导入介绍，概述了半导体的历史，半导体的特征，以及主要的半导体元器件——MOS

晶体管。

本书的主要目的是理解第 6 章的 MOS 晶体管。为此我们在第 2 章先学习半导体的基础物理。如图 1.6 所示，MOS 晶体管是源极以及 P 衬底分属 N 型以及 P 型的半导体接合而来的，这种结构也会是第 3 章出现的 PN 结二极管的结构。而栅极/氧化膜/P 衬底这种结构是 MOS 晶体管的构造。在此基础上有绝缘膜并且无法导通直流电，就变成了电容器件，这也是第 5 章中会学到的 MOS 电容器。值得一提的是，在第 4 章中学习的双极性晶体管有着开关与放大的效果，对于学习 MOS 晶体管来说非常有用。我们将按顺序从下一章开始说明以上内容。

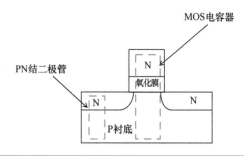

图 1.6 MOS 晶体管和 PN 结二极管以及 MOS 电容器的关系

[第 1 章总结]

（1）作为半导体的历史，最先说明了 Si 在地球中大量存在，之后是二极管以及晶体管的发明，最后是从集成电路开始，半导体产业实现的飞速发展。

（2）半导体有着和金属不同的两个性质。一个是温度上升后，其电阻会下降，另外一个是 As 以及 B 这样的杂质掺杂于其中后，其电阻也会下降。

（3）MOS 晶体管比较明显的特征是开关作用以及放大作用。

 习题

[习题 1.1] 请将 1.1 节中的半导体的历史按照表 1.1 的

形式整理总结。

表 1.1 半导体的历史（例）		
年 份	人物或机构	内 容
1787	拉瓦锡	指出石英是某一种未发现的物质的氧化物

[习题 1.2] 半导体的明显特征是温度上升后，其电阻会随之下降，As 以及 B 这样的杂质掺杂于其中后，其电阻也会下降。请解释说明其理由。

[习题 1.3] 请解释说明 MOS 晶体管的开关与放大这两个作用。

▶▶ **习题解答**

[解答 1.1] 请参考表 1.2。

表 1.2 半导体的历史		
年 份	人物或机构	内 容
1787	拉瓦锡	指出石英是某一种未发现的物质的氧化物
1823	贝采利乌斯	率先从石英中分离出 Si 的单质
1839	法拉第	发现硫化银的电阻与金属有截然不同的温度特性
1874	布朗	发现了整流作用
1933	利林费尔德	获得了 MOS 晶体管的基本专利
1938	贝尔实验室	成立了固体物理的基础研究团体
1942	宾夕法尼亚大学、贝尔实验室	Si 的电阻会由于掺杂 B 而大幅下降
1947	巴丁与布喇顿	发明了点接触型的双极性晶体管
1948	肖克利	发明了面接触双极性结型晶体管
1949	肖克利	发表了 PN 结理论以及双极性结型晶体管的理论
1954	TI	双极性晶体管被应用并制造出第一台晶体管收音机
1955	东京通信工业公司（现为索尼）	开始销售晶体管收音机
1956	肖克利、巴丁与布喇顿	获得诺贝尔奖

（续）

年　份	人物或机构	内　容
1958	基尔比	发明了集成电路
1965	克恩	使 MOS 晶体管实用化
2000	基尔比	获得诺贝尔奖

[解答 1.2]　　温度上升后阻值下降是因为低温环境下，其外围的电子要么被 Si 的原子核束缚，要么参与了共价键，也因此缺乏自由电子。然而将温度提高给予其热能后，这种束缚被解开，于是电子能自由运动起来了，并随之形成电流。

通过掺杂杂质后，半导体阻值下降的原因是，比 Si 价电子更多的 As 被掺杂其中后，靠电子而形成电流，而比 Si 价电子更少的 B 掺杂其中后，能通过空穴形成电流。

[解答 1.3]　　MOS 晶体管在 V_G 为 0V 时处于关闭状态，V_G 为正电压时又处于导通状态，因此能作为数字式的开关使用，并且随着输入信号 V_{in} 被施加到栅极后，会随着 V_{in} 的变化而改变 I_D，并进一步改变输出电压 $v_{out} = (I_D R_L)$。MOS 晶体管能将 V_{in} 放大后，以 v_{out} 的形式输出。

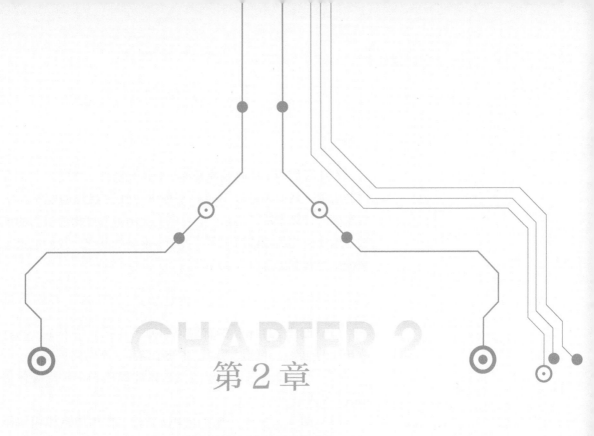

第 2 章

半导体的基础物理

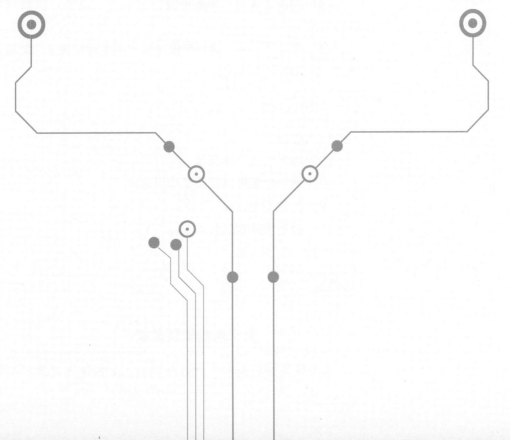

[目标]

在此我们为了能直观地理解半导体元器件，将学习非常有用的能带。然后理解处于"热平衡电中性"状态的电子与空穴密度的计算方法。之后，学习电流会随着浓度梯度引起的扩散与电场引起的漂移而流动。关于静电场的基础，我们也最小限度学习其基础部分。

[提前学习]

（1）阅读 2.1 节，能解释说明原子在孤立情况下，具有跳跃性的能级，并能说明原子在处于结晶状态的能带。

（2）阅读 2.2 节，能够说明费米能级 E_F 与三种半导体类型（I，N，P）。

（3）阅读 2.3 节，理解电中性条件、使用质量作用定律计算电子，以及空穴密度的计算方法。

（4）阅读 2.4 节，理解电流会由于（载流子）扩散与漂移而流动。

（5）阅读 2.5 节，能理解静电场中的电荷密度 ρ、电场强度 E，以及电位 ϕ 的关系。

[这一章的项目]

（1）能带。
（2）费米统计与半导体。
（3）电中性条件以及质量作用定律。
（4）扩散与漂移。
（5）静电场的基本公式。

2.1 能带

▶▶ 2.1.1 电子是粒子还是波

首先从光开始说起。1700 年左右，牛顿把光看作粒子的集合体（即光的粒子说）。1801 年托马斯·杨使用如图 2.1 所示的双缝进行实验，发现了光会发生干涉现象，证明了光是一种波（即波动说）。可是在这之后，也发现了光有属于粒子的性质。1887 年，赫兹发现向物质发射光时，会从其中飞出电子的现象（光电效应）。之后，莱纳德发现只有给予特定频率以上的光照，才会有电子飞出。这种结论无法使用光的波动说来解释。对于这种现象，1905 年爱因斯坦提出了光本身就是粒子（光子，photon）的假说，并解释说明了光电效应。由于这个贡献，爱因斯坦于 1921 年获得了诺贝尔奖。光有着粒子和波的两种性质（两重性，duality）。

光源
狭缝

图 2.1　展现了光的波动性的干涉现象

　　电子如图 2.2 所示，在 1897 年被发现会受**电场**（electric field）影响而做出曲线运动，因此被认为是粒子。对于这个现象，1924 年德布罗意受光的波粒二象性启发，提出了"电子也同时具有粒子与波的性质"。这个假说于 1927 年的电子干涉现象中被证实。将电子作为波动处理的时候统御方程式[1] 就是薛定谔的波动方程。从这个方程中可以求出下一节中会说明的电子的**存在概率**（existence probability）。

注释 1：也叫作基本方程，将描述现象的物理法则以数学方程式表达。

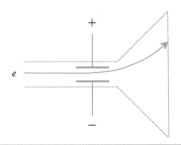

$+$
e
$-$

图 2.2　在电场作用下做出曲线运动，表明电子具有粒子属性

▶▶ 2.1.2　非连续的能级

我们首先考虑原子处于单个孤立状态的情形，然后考虑处于结晶状态的情形。

原子核的周围存在电子。原子核中存在正电荷，电子由于受正电荷的吸引而被原子核束缚。如图 2.3 所示，电子被关进了正电荷形成的井。这口井被称为**势阱**（potential well）。一般来说，电子所具有的能量越大，越是画在上方。也就是为了从势阱中逃出来，电子需要能量。本书使用电子伏（eV）[2] 作为**势能**（potential energy）[3] 的单位。

注释 2：势能在这里是指**位能**，单位为 eV。而电位被称为**电动势**，单位为 V。如果用**电动势**来画这张图，那么需要将这张图的上下颠倒过来。

注释 3：电子通过 1V 的**电位**（electric potential）差所积累的势能被称为 1eV。

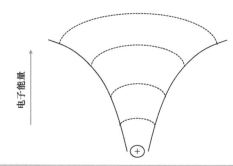

图 2.3　正电荷形成的对于电子的势阱

让我们看看被困在势阱中的电子的状态。一般将图 2.3 的势阱进行近似，得到图 2.4 所示的箱势阱，并以此解出薛定谔的波动方程。如果这个井的墙壁非常高，墙面上电子的存在概率为 0。将这一点作为边界条件求解，能在这口井中存在的只有如图 2.5 这样的驻波。打个比方，当小提琴的弦上发出"mi"音的时候，能发出的只有"mi"本身。也就是说，箱势阱中能存在的驻波，就是半波长为箱长度 L 的基波，以及其整数倍的谐波。像半波长为 1/1.3 或者 1/1.4 这样的谐波是不存在的。因此电子能取得的能量并非连续的，而应该是离散值。

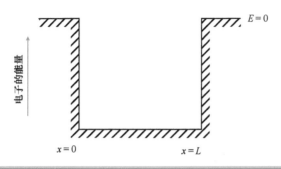

图 2.4　势阱近似为箱势阱

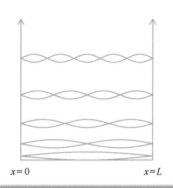

图 2.5　箱势阱与驻波

比如钠（Na）的原子核周围，有 11 个电子[4]。图 2.6 为其势阱[5] 与 11 个电子的离散**能级**（energy level）。**级**（Level）是可能存在的电子的能量位。Na 的原子核周围有 11 个电子。如果让我们来摆放这 11 个电子，并从能级低处开始放置，那么能量最低的位置放入两个电子，第三个电子就会进入能级第 2 低的能级位置[6]。依次再放入两个电子。第三能级中放入 6 个电子。这个能级由 3 个能级重叠而成（称为简并），并且每个能级中都能包含两个电子。接下来看第 11 个电子，第 11 个电子会进入距离原子核最远的轨道能级。这个最外层的电子被称为**价电子**（valence electron）。如果原子是处于孤立状态的，这个价电子就会被势阱所束缚，而无法自由移动。

注释 4：原子核里面，有 11 个电子电荷绝对值相当的正电荷。

注释 5：$E=0$ 的能级被称为**真空能级**（vaccum level）。如果给予电子以能量，使其所处能级上升，那么这个电子就容易不受势阱束缚并可以自由移动。这种电子被称为**自由电子**（free electron）。

注释 6：给第 3 个电子安排位置时，会受到量子力学约束。那就是**泡利不相容原理**（Pauli exclusion principle）[7]。即处于一种状态的电子只能有一个。电子有两种自旋状态（spin），一种是上旋，一种是下旋。因此，从下往上的第 1 能级只能容下两个自旋方向不同的电子。

注释 7：1 个能级里只能有 2 个自旋方向不同的电子。（N 个）Na 的带里面可以塞进 $2N$ 个电子，但却只有 N 个价电子，所以其价带中一半的位置都是空的，也因此可以传导电流。

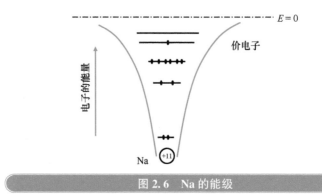

图 2.6　Na 的能级

▶▶ 2.1.3　能带（连续能级）

接下来考虑一下结晶的情况。如果 2 个原子靠得越来越近，受到原子核以及电子的影响，能级会分裂为 2 个。同理，N 个原子集结起来形成结晶，如图 2.7 所示，原来的 1 个能级就会分成 N 个。N 如果很大，能级就几乎是连续的了。这也称为**能带**（energy band）。

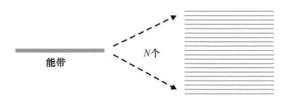

图 2.7　原子如果有 N 个时，能级就会分裂成 N 个

图 2.8 展示的是 Na 结晶的势能。

如前面所说，结晶里如果有 N 个原子，价电子的能级就会分裂成 N 个并形成能带。

通常画能级时会进一步简化成图 2.9（b），图中仅仅画出能带。另外，存在价电子的能带被称为**价带**（valence band）。

我们说到 Si 的周围有 14 个电子，其中有 4 个是价电子。如图 2.10 所示，这是 Si 结晶的能带图。Si 结晶的价带能级中充满了电子[8]。因此即使是低温状态，电流也无法导通。通过给予热能等方法，使得其电子从价带移动到更上方的能带，

注释 8：在原子孤立的情况下，价电子的能级上方也有能级。而结晶中这个能级也会分裂，其结果就是 Si 的价带会成为 sp^3 杂化轨道，并可以容纳 $4N$ 个电子。（N 个）Si 的价电子就有 $4N$ 个，因此其价带装得满满的。

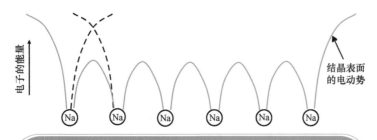

图 2.8　展示的是 Na 结晶的势能。受相邻的原子核的影响，结晶中的势垒会下降，进一步导致价电子几乎无法受势阱束缚这一状况

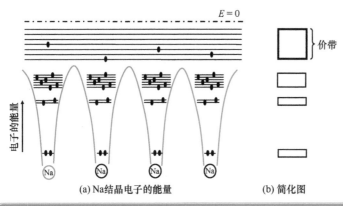

(a) Na结晶电子的能量　　　(b) 简化图

图 2.9　Na 结晶的能带图(a) 与其简化图 (b)

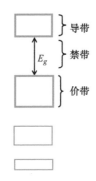

图 2.10　Si 结晶的能带图

那样电子倒是可以自由地流动。价电子上方的能带被称为**导带**（conduction band）。而在价带与导带之间的电子不存在的区域被称为**禁带**（forbidden band）。价带与导带的间隔被称为**能隙**（energy gap），记为 E_g。

2.2 费米统计与半导体

在这一节中，我们使用统计学的方法，来处理固体中的电子部分的性质。为了理解半导体的导电特性，需要了解电子的能量分布对温度的依赖性这一基础知识。

▶▶ 2.2.1 费米-狄拉克分布函数

首先考虑金属。图 2.11（a）表示的是金属的价带（我们会在 2.2.2 节中再叙）。其颜色深浅表示的是处于能量 E 状态的电子的多少。因此可以看出，在能量较低的区域电子占有得比较多。而相反地，在高能区域电子没有怎么占用。如果能量再高一点，甚至是空的。

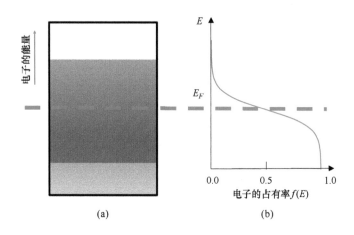

(a) (b)

图 2.11 （a）金属的能带图与（b）表示电子占有率的费米-狄拉克分布函数

图 2.11（b）展示了处于能量 E 的状态被电子占有的概率

（**占有率**）。图 2.11（a）与图 2.11（b）的纵轴对应的是电子的能量，虚线表示E_F即**费米能级**（Fermi level）[9]。横轴 f 表示的是电子占有率。而E_F对应 f 为 1/2 时的能量。因此可以看出，在能量较低时，被电子填充得比较满，f 为 1。能量变大时，占有率 f 会变低，以至于在最高的能量位置时，f 为 0。这种电子的占有率称为**费米-狄拉克分布函数**（Fermi-Dirac distribution function）。由下面的式子来表示。

注释9：也称为费米能量。

$$f(E) = \frac{1}{1+e^{\frac{E-E_F}{kT}}} \qquad (2.1)$$

式中，k 为玻尔兹曼常数[10]（8.62×10^{-5} eV/K），在室温下（300K），kT 大概是 26meV 左右[11]。

图 2.12 展示了费米-狄拉克分布函数的温度依赖性。在绝对零度（$T=0$K）时，如图中的短画线所示，占有率 f 会是如台阶一样的形状。也就是说能量 E 低于E_F时，f 将会是 1，而$E=E_F$时，$f=1/2$，$E>E_F$时，$f=0$。也就是说在绝对零度时，不存在处于E_F以上的能量状态的电子。温度为 300K 时，电子的占有率以实线表示。最后，虚线表示的是温度 1000K 时的电子占有率，由图可见相比较其他温度状态而言，此时处于高

注释10：高中物理中，应该在关于气体分子运动的相关章节中学到过。

注释11：meV 是毫 eV 的意思。1meV 相当于 1×10^{-3} eV。

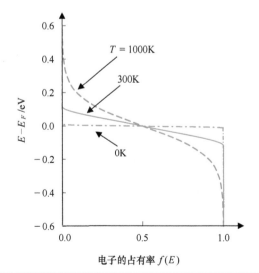

图 2.12　费米-狄拉克分布函数的温度（T）依赖性

能状态下的电子存在概率会比较大。

打个比方，E_F 是绝对零度时，电子持有的最大能量（对于金属而言）。比如一杯水，放在桌面上静置，水面会是平的。此时如果摇晃杯子，水面也会摇动起来，相比静止时的水面来说就会形成高和低的部分。如果进一步剧烈摇晃杯子，水的表面高度差就会变得更大。由温度引起的变化效果就好像摇晃水杯这一动作得到的效果。摇晃杯子就相当于给予其能量，也就相当于提高温度。而静止时的水面就好像绝对零度时的费米能级。并且能量 E 与 E_F 之间的差 $|E-E_F|$ 远大于 kT 时，费米-狄拉克分布函数就可以近似为**麦克斯韦-玻尔兹曼**（Maxwell-Boltzmann）分布函数。关于这种分布函数的详细内容，请参见【附录4】。

▶▶2.2.2 绝缘体、半导体、金属的区别

图 2.13（a）为**绝缘体**（insulator）的能带图。绝缘体的能隙 E_g 在 5eV 之上，E_g 越大，价带与导带之间的能差就越大，即使置于高温环境下，电子也无法取得从价带移动到导带所需要的能量。因此导带里面没有电子，电流也无法形成。E_F 是能隙的中央附近的位置[12]，这是因为价带的电子占有率 f 的数值为 1，而导带的 f 为 0 的缘故。也就是说，在能隙中央

注释 12：严格来说，如之后式（2.4）里描述的那样，E_F 其实并非处于能隙的正中央，而是处于略有偏移能隙中央的位置。

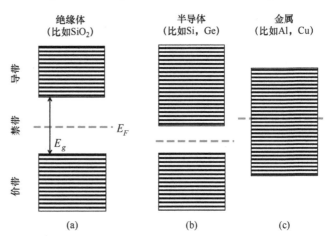

图 2.13 （a）绝缘体、（b）半导体、（c）金属之间的不同

附近，f 为 1/2。顺便一提，Si 被氧化形成的 SiO_2 的 E_g 为 9eV，属于绝缘体。

图 2.13（b）的半导体中价带也被电子占有，可是 E_g 一般在 3.5eV 以下。因此给予其能量（如热）之后，电子就会从价带移动到导带，变得可以导通电流。而这就是为什么其电阻的温度相关性是与金属相反的。温度越高，能进入导带的电子的数目就越多，电流也就越容易流动，表现为电阻下降了。如果只看能带图的话，绝缘体和半导体也就是 E_g 数值大小的区别，比如 Si 的 E_g 只有 1.1eV（室温条件），比起绝缘体来说，E_g 比较小。

图 2.13（c）的金属没有禁带，价带和导带是合并的状态，电子可以自由流动，也可以导通电流。

这一节总结起来，可以归纳为以下几点：绝缘体和半导体是有禁带的，而金属没有。半导体的 E_g 因为小，通过获得热能等方式就可以使得电子从价带移动到导带。因为有禁带这一点，笔者认为半导体其实也可以称为半绝缘体。

▶▶ 2.2.3　本征半导体

我们先从半导体中不含有其他种类原子的杂质的半导体开始说起。这种半导体被称为**本征**（intrinsic）或者 **I 型**半导体。图 2.14 展示了 I 型半导体的能带图。正如在 2.2.1 节的所说，室温下的热能为 0.026eV。价带的电子获得了这部分热能之后，会有如式（2.1）所示的概率"跳跃"1.1eV 的能隙 E_g，

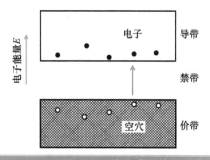

图 2.14　本征半导体的能带图

从而进入导带。这一过程导致的价带中缺少电子的孔被称为空穴。因为电子带有负的电荷，所以缺少了电子的这些孔就表现得好像带有了正电荷一样。导带的电子和价带的空穴是一对一对形成的，电子和空穴的数目是相等的。

让我们来计算一下导带的电子密度 n 与价带的空穴密度 p 吧。图 2.15（a）为 Si 的能带图。E_c 是导带最下面的能量，E_v 是价带最上方的能量。为了求出 n 和 p，只需要知道各个能量的电子与空穴的状态（state）数量，以及其对应的占有概率。也就是说，通过电子和空穴所占席位数量，以及席位的占用率，可以求出 n 与 p。

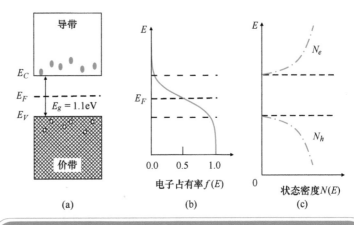

注释 14：指的是图中画了细细的平行线的部分。

注释 15：为了方便理解，图 2.15（b）以及图 2.16 中使用的是高温时的占有率 f。室温（T = 300K）时的电子与空穴的能量分布请参见【附录 5】。

注释 16：$E = E_C$ 时，座位数 N_e 为 0。虽然占有率 f 很大，但是 $n = 0$。E 越高，N_e 虽然会随之上升，可是 f 会下降。因此如图 2.16 所示，n 会在某个 E 值时，才能取到最大值。

图 2.15　（a）I 型半导体的能带图，（b）费米-狄拉克分布函数以及（c）状态密度

占有概率是通过图 2.15（b）费米-狄拉克分布函数 $f(E)$ 来给出的。如 2.2.2 节所述，E_F 几乎在能隙的中央位置。

电子状态的数量由图 2.15（c）**状态密度**（density of states）$N(E)$ 得出。状态密度是单位体积中单位能量间隔的电子的状态数[13]。$N(E)$ 和能量 E 有关并随着 $\sqrt{E}$ 而增加。导带的电子状态密度是 $N_e(E)$，价带的空穴状态密度为 $N_h(E)$。

如图 2.16 所示，电子和空穴的能量分布通过格网[14]表示[15]。电子密度 n 可以通过状态密度 $N_e(E)$ 乘以电子占有率 $f(E)$，并进行积分求得[16]。其积分范围下限设为导带的下端

E_C。同样，空穴密度可以通过从价带上端E_v开始到在其之下的能量范围来积分求出。N 以及 P，可以用下面的式子来表示。

$$N = n_i e^{\frac{E_F - E_i}{kT}} \qquad (2.2)$$

$$P = n_i e^{\frac{E_i - E_F}{kT}} \qquad (2.3)$$

详细的导出方法可以参见【附录5】。

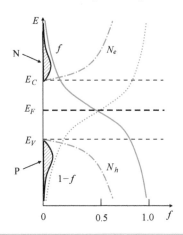

图 2.16 电子与空穴的能量分布

式中，n_i 是 I 型半导体的**载流子**（carrier）**浓度**[17]，即**本征载流子浓度**（intrinsic carrier density）。这个式子在更为一般的情况下成立，除了 I 型半导体的电子和空穴密度之外，也可以表示 N 型以及 P 型半导体的电子与空穴的密度（n 与 p）。

E_i 为 I 型半导体的费米能级，以下面的式子来表示。

$$E_i = \frac{E_V + E_C}{2} + \frac{kT}{2} \ln \frac{N_V}{N_C} \qquad (2.4)$$

这里 N_C 以及 N_V 为导带和价带的**有效状态密度**（equivalent density of states）[18]。式（2.4）的右边第一项是指能隙 E_g 的中央位置，而随着第 2 项的加入，其结果是 E_i 会偏移 E_g 的中央位置。

▶▶ 2.2.4 N 型以及 P 型半导体

在此，将对使用杂质掺杂后，电子比较多的 N 型半导体以及空穴比较多的 P 型半导体进行说明[19]。首先从 Si 晶体开始

注释17：由于搬运电荷（并形成电流）这一作用，电子和空穴被称为载流子。

注释18：N_C 是指假想分布于导带中的所有能级集中于导带下端时的虚拟状态密度，即这一设想中的单位体积内的状态数。同样的，N_V 也是设想将分布于价带中的能级全部集中在价带上端时得出的状态密度。

注释19：电子带负（negative）电荷，电子比较多的半导体被称为 N 型半导体。另一方面，空穴带有正（positive）电荷，因此空穴比较多的半导体被称为 P 型半导体

注释20：为了强调 P 型、N 型半导体相关的 Ⅲ 主族，以及 V 主族元素，用灰色的背景来突出显示。。

注释21：Ⅷ族的 Ne 以及 Ar 因为有 8 个价电子，不容易参与化学反应，因此称为惰性气体。

说起。表 2.1 为简化的元素周期表。物质的性质和价电子的数目息息相关。周期表中是按照价电子的数目来对物质进行排列的。价电子如果有 8 个，那么该物质将非常稳定[21]。Si 的价电子有 4 个。Si 会像图 2.17 所示的那样和相邻的 Si 原子共享电子，这样的话，Si 的周围就好像也形成了 8 个价电子一样，并以此进行结合。这种结合方式被称为**共价键**（covalent bond）。

表 2.1 简化的元素周期表[20]

I	II	III	IV	V	VI	VII	VIII
H							He
Li	Be	**B**	C	N	O	F	Ne
Na	Mg	Al	**Si**	**P**	S	Cl	Ar
K	Ca	Ga	Ge	**As**	Se	Br	Kr
Rb	Sr	In	Sn	Sb	Te	I	Xe
Cs	Ba	Tl	Pb	Bi	Po	At	Rn

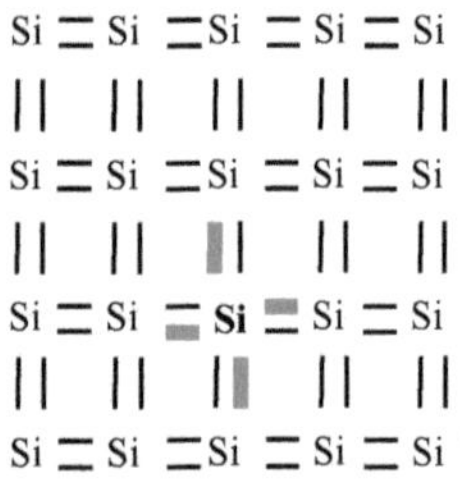

图 2.17 Si 的共价键

如果向 Si 晶体中加入具有 5 个价电子的 V 族的杂质，就会像图 2.18（a）所示，形成共价键之后，多出来一个电子。

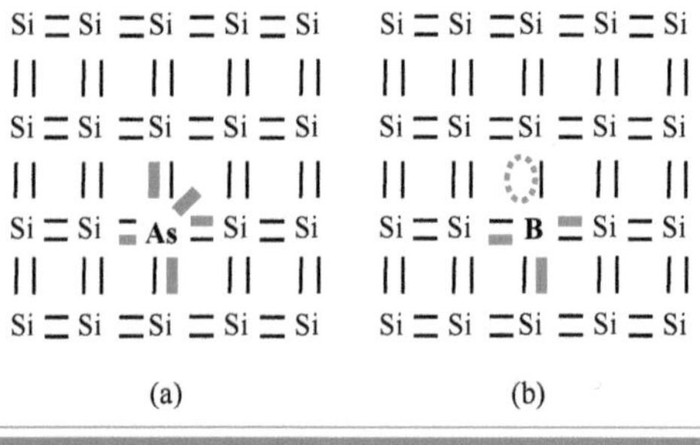

(a)   (b)

图 2.18 （a）掺杂 As 之后得到的 N 型半导体 （b）掺杂 B 之后的 P 型半导体

这个电子可以轻松地脱离 Si 形成自由电子。这被称为 As 的**电离**（ionization），用式（2.5）来表示。此时电中性的 As 会由于剥离了带负电荷的电子而显正电，成为As⁺。

$$\text{As} \rightarrow \text{As}^+ + e \qquad (2.5)$$

使用有 3 个价电子的Ⅲ族杂质（硼，B）进行掺杂时，如图 2.18（b）所示的那样，会导致共价键形成之后，少一个电子。这种缺乏电子的"空洞"称为空穴。此时 B 会电离形成 B⁻以及带正电的空穴。

$$\text{B} \rightarrow \text{B}^- + h \qquad (2.6)$$

接着，我们使用能带图来说明 As 以及 B 的电离。

图 2.19 为 Si 中用 As 进行掺杂时的能带图[22]。由于掺杂的杂质 As 的关系，会形成接近导带的能级。这被称为**施主能级**（donor level），写作 E_D。在绝对零度时，电子处于施主能级。而温度上升后，电子会从施主能级离开进入导带，此时只要加上电压，就会形成电流。由于将电子提供（donate）给导带这一作用，而被称为施主能级。As 中 E_D 与 E_C 的差为 54meV，所以在室温条件下，几乎所有的 As 都会电离形成As⁺的形式。

注释 22：E_i 是之前在 2.2.3 节中提到的Ⅰ型半导体的费米能级。

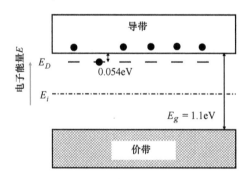

图 2.19　掺杂 As 时的能带图

使用 B 对 Si 进行掺杂时，形成的能带图如图 2.20 所示。价带的附近会形成能级，这也被称为**受主能级**（acceptor level），并记作 E_A。受主能级会从价带中接收（accept）电子并形成空穴。B 中E_A与E_V的差为 45meV，因此几乎所有 B 会在室温下电离形成 B⁻。

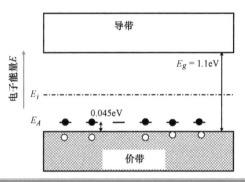

图 2.20　掺杂 B 时的能带图

接下来使用表示电子的占有概率的费米-狄拉克分布函数进行考虑。图 2.21（a）为 N 型半导体的能带图。电子比较多，因此表示占有概率为 1/2 的 E_F 会受影响而向上移动，以至于比 E_i 更高，处于更靠近 E_c 的位置。N 型半导体如图 2.21（b）所示，N 和 P 并不相同，电子密度 N 会较高。而 E_F 会因为受到杂质的掺杂量以及温度的影响产生变化。但在绝对零度（$T=0K$）这一特定情况下，如图 2.22 所示，电子会处于施主能级，E_F 在此刻会位于 E_C 以及 E_D 的中央位置。如果温度进一步上升，施主能级的电子会移动至导带，进一步上升的话，从价电子移动到导带的电子会增加，E_F 会进一步向 E_i 移动。

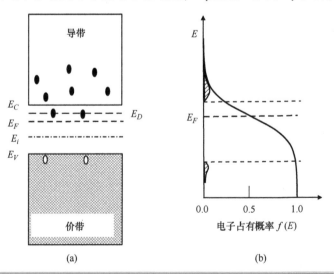

(a)　　　　　　　　　　　　(b)

图 2.21　（a）N 型半导体的能带图以及（b）费米-狄拉克分布函数

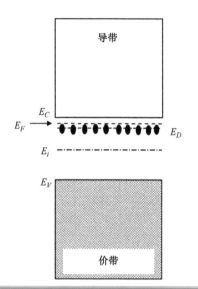

图 2.22 绝对零度（$T=0\mathrm{K}$）时 N 型半导体的费米能级 E_F

图 2.23 展示的是 P 型半导体的情况。由于空穴比较多，E_F 会比 E_i 更低而处于接近 E_V 的位置。P 型半导体中空穴密度 P 比较高。

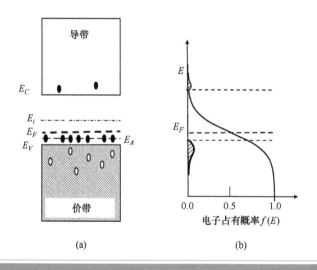

(a)   (b)

图 2.23 （a）P 型半导体的能带图以及（b）费米-狄拉克分布函数

2.3 电中性条件以及质量作用定律

到目前为止，我们学习了 I 型半导体以及 N 型、P 型半导体。接下来将求解处于热平衡状态且电中性的电子与空穴的密度。

问题 2.1：向 Si 的 I 型半导体中使用掺杂浓度为 10^{15} cm^{-3} 的 As 以及 10^{13} cm^{-3} 的 B 进行掺杂[23]。

（1）形成的半导体将变成什么类型的（是 N 型、P 型还是 I 型）？

（2）请计算这种半导体在热平衡状态（thermal equilibrium）[24]下，温度处于 300K 时的电子密度 N 以及空穴密度 P。

像这样，电中性并处于热平衡状态下的 N 以及 P 的计算是半导体元器件中非常基础的问题。为了解决这种问题，需要使用电中性条件以及质量作用定律。

▶▶ 2.3.1 电中性条件

首先说明**电中性**（charge neutrality）条件。这是指半导体处于电荷的中性条件也就是电荷为 0 的意思。电荷为 0，也就不会产生电场，持有的能量也会是最小的。电中性的条件以下面的式子给出[25]。

$$p = q(p - n + N_d^+ - N_a^-) \qquad (2.7)$$
$$= 0$$

这里 q 是元电荷（1.60×10^{-19} C）。N_d^+ 是电离施主浓度。N_a^- 是电离受主浓度。正电荷由 P 以及 N_d^+ 持有，负电荷由 N 以及 N_a^- 所持有。

▶▶ 2.3.2 质量作用定律

接下来说明质量作用定律（law of mass action）[26]。其内容以下面的式子来呈现。

$$pn = n_i^2 \qquad (2.8)$$

这里的本征载流子浓度 n_i 在室温（300K）下为 1.0×10^{10} cm^{-3}[27]。关于质量作用定律的含义，使用图 2.24 来说明。通过获得热能，图 2.24（a）所示的价带中的电子 e_{VB}，其中有一定的比例会上升至导带，而空穴会在价带中形成。也就是说如图 2.24（b）所示，为电传导做出贡献的导带中的电子 e 与价带中的空穴 h 会成对**产生**（generation）。而与此相反，也会发生如导带的电子 e 与价带中的空穴 h 的**复合**（recombination）过程。此时，能量会被放出，导带中的电子会回到价带变为 e_{VB}。热平衡状态是指产生和复合的过程形成了平衡状态。如果用方程式表示，可以写成下面的式子。

注释 27：室温（300K）的 n_i 值以前一般按照 1.45×10^{10} cm^{-3} 来计算。1990 年进行数值修正后，n_i 被提议按照 1.08×10^{10} cm^{-3} 来计算。其实像 n_i 这样的基本常数仍然在进一步讨论之中。本书使用 1.0×10^{10} cm^{-3} 来计算。

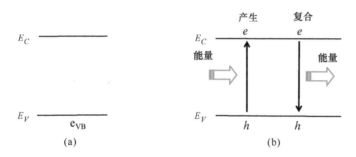

图 2.24　（a）价带的电子 e_{VB}（b）电子 e 和空穴 h 的产生与复合

$$e_{VB} \rightleftharpoons e + h \qquad (2.9)$$

关于质量作用定律的详细内容请参见【附录 6】。式（2.8）指出了 PN 的乘积是恒定的，而不取决于杂质的浓度。比如用 As 掺杂，N 就会变多，而 P 相对就减少，最终 PN 积为 n_i^2。

▶▶2.3.3　电子与空穴的密度

接下来为了解决问题 2.1，只需联立表达电中性的条件以及质量作用定律方程就可以了。由于 N_d^+ 和 N_a^- 已经在问题 2.1 中给出，所以 n_i 也就可以求了，使用式（2.7）以及式（2.8）来求 n 与 p，进一步化简可以得到下列式子。

$$n = \frac{N_d^+ - N_a^- + \sqrt{(N_d^+ - N_a^-)^2 + 4n_i^2}}{2} \qquad (2.10)$$

$$p = \frac{N_a^- - N_d^+ + \sqrt{(N_a^- - N_d^+)^2 + 4n_i^2}}{2} \qquad (2.11)$$

N_d^+ 比 N_a^- 多的时候，电子会比空穴多。此时会形成 N 型半导体。此时电子较多也被称为**多数载流子**（majority carrier），相对较少的空穴被称为**少数载流子**（minority carrier）。如问题 2.1 一样，$N_d^+ - N_a^- \gg n_i$ 时，作为多数载流子的电子可以用式（2.12）来表示。如果进一步有 $N_d^+ \gg N_a^-$ 成立，就可以进一步变形，得到式（2.13）这一结论。

$$n \approx N_d^+ - N_a^- \qquad (2.12)$$

$$n \approx N_d^+ \qquad (2.13)$$

多数载流子，主要是由电中性的条件来决定的[28]。另一方面，少数载流子可以用质量作用定律来求出，例如，n 如果像式（2.13）一样给出时，可得式（2.14）。

$$p \approx \frac{n_i^2}{N_d^+} \qquad (2.14)$$

因此，问题 2.1 的解为：

（1）这个半导体是 N 型。

（2）$n = 10^{15}\,\text{cm}^{-3}$，$p = 10^5\,\text{cm}^{-3}$。

既然得到了解，不妨考虑一下其物理意义。

假设考虑使用浓度分别为 $10^{15}\,\text{cm}^{-3}$ 的 As，以及 $10^{13}\,\text{cm}^{-3}$ 的 B 进行掺杂情形的瞬间。如图 2.25（a）所示，n 为 $10^{15}\,\text{cm}^{-3}$ 而 p 为 $10^{13}\,\text{cm}^{-3}$。然而这样的话 PN 的乘积就会变为 $10^{28}\,\text{cm}^{-6}$。而与热平衡值 n_i^2 的 $10^{20}\,\text{cm}^{-6}$ 相比会有过剩的电子与空穴。因此会发生复合现象，最终如图 2.25（b）所示，达到问题 2.1 的解那样的热平衡状态[29]。

至此，希望读者能记住的东西有以下 4 点。

Si 的价电子有 4 个，为共价键。

As 的价电子有 5 个。

B 的价电子有 3 个。

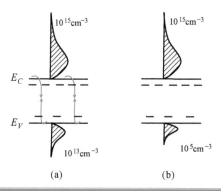

E_C

E_V

(a)   (b)

图 2.25　（a）杂质添加后的瞬间与（b）处于热平衡时

n_i 在室温（300K）下为 10^{10}cm^{-3}。

关于其他的东西，如果读者理解了，也就没有必要死记硬背。对于研究者和技术人员来说，最关键的是理解事物本质。

2.4　扩散与漂移

电流，会由于浓度梯度造成的**扩散**（diffusion）[30]以及电场 E 造成的**漂移**（drift）[31]而形成并流动起来。这里使用图 2.26 进行说明。

注释30：扩散的本质是各个粒子的随机运动。从宏观的角度来看，可以看作是从浓度比较大的地方流向浓度比较小的地方。

注释31：指外力（电场）的作用下发生移动的现象。

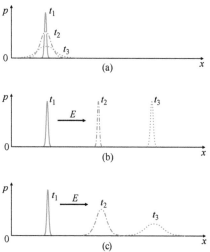

图 2.26　扩散与漂移。（a）只有扩散的情形，（b）只有漂移的情形，（c）扩散和漂移同时存在的情形

图 2.26 中，纵轴表示的是空穴密度 p，而横轴表示的是位置 x。在时刻 t_1，放置了空穴。在图 2.26（a）只有扩散的情况下，空穴的分布会随着时间 t_1，t_2，t_3 的推进而朝着其空穴密度稀薄的方向横向扩展。而图 2.26（b）只有漂移的情形下，空穴的分布形状不会变，随着时间变化，整体向电场施加方向推进。而在图 2.26（c）中的扩散和漂移同时存在的情形下，空穴的分布会一边扩展，一边随时间向电场的施加方向推进。

举个例子来说明扩散和漂移。t_1 时刻放置了香水，然后立即取走它。没有风只有扩散的时候，香水的香味会随着时间而横向扩张（扩散）。如果有强风吹来时，香味会从上风处吹向下风处（漂移）。此时如果站在上风处也没有香味了。这个例子中，风就好比是电场。

电流是横截面中单位时间内通过的电荷量。也就是说，在图 2.27 中的横截面 A 中，在时间 Δt 之内通过了 ΔQ_t 的电荷，那么电流可以用下面的式子来计算。

$$I = \frac{\Delta Q_t}{\Delta t} \tag{2.15}$$

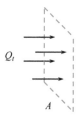

Q_t

A

图 2.27 电流的定义说明

电流是通过扩散与漂移流动起来的。如果使用电流 I 除以横截面 A 得到的单位面积下的**电流密度**（current density）J 来表示，J 是扩散成分 J_{diff} 与漂移成分 J_{drift} 之和。

$$J = \frac{I}{A} \tag{2.16}$$
$$= J_{\text{diff}} + J_{\text{drift}}$$

▶▶ 2.4.1　扩散电流

扩散电流是与浓度的梯度 $\mathrm{d}p/\mathrm{d}x$ 成比例的，从高浓度的区域流向低浓度的区域。空穴的扩散电流密度 $J_{\mathrm{diff,h}}$ 以下面的式子给出。

$$J_{\mathrm{diff,h}} = qD_h\left(-\frac{\mathrm{d}p}{\mathrm{d}x}\right) \tag{2.17}$$

这里 D_h 是空穴的 **扩散系数**（diffusion coefficient）。式（2.17）中的负号表示电流会从空穴密度较高处流向低处，表示的是向密度变小的方向流动这一意义。如果空穴分布如图 2.28 一样时，在点 A 处微分 $\mathrm{d}p/\mathrm{d}x$ 为正，空穴会向负的方向移动。这也可以说明式（2.17）中为什么有个负号。

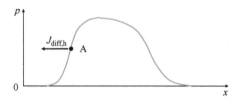

图 2.28　扩散电流

▶▶ 2.4.2　漂移电流

漂移电流是受到电场 E 的作用而流动的电流。如果速度是 v，单位时间内行进的距离也就是 v。因为漂移而在单位时间内通过的电荷量如图 2.29 所示。漂移电流密度这一物理量可以表示为：

$$J_{\mathrm{drift}} = Qv \tag{2.18}$$

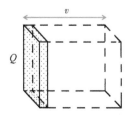

图 2.29　漂移电流的说明

在这里，Q 是单位体积下的电荷[32]。

如图 2.30 所示，这是载流子的速度 v 对于电场强度 E 的依赖性关系。在较低的电场强度下，速度会随着电场强度的变大而成比例增大。可以表述为下面的式子。

$$v = \mu_h E \qquad (2.19)$$

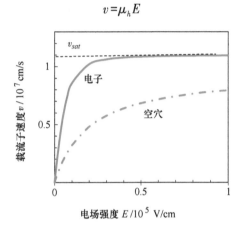

图 2.30 载流子速度 v 对电场强度 E 的依赖性

这里 μ_h 为空穴的**迁移率**（mobility）[33]。迁移率是由在热振动的情况下，Si 的晶格以及电离后的杂质的**散射**（scattering）来决定的。另一方面，在高电场强度下，电场的能量并非全部能赋予载流子，其中一部分也会被 Si 晶格消散掉。比如电场强度为 10^5 V/cm，速度 v 会在达到**饱和速度**（saturation velocity）时饱和[34]。上述的这个电场强度是指 10^{15} V 的电压施加在 1cm 的距离上得到的强度。可能很多读者认为半导体中无法拥有如此大的电场强度。然而 10^5 V/cm 也就是 100mV 施加在 10nm 的距离上得到的电场[36]，这是十分可能的状况。再次强调：在我们经常用到的尺寸上考虑数值大小这一点非常重要。

让我们回到电场强度较低时的情况。空穴的漂移电流密度 $J_{\text{drift,h}}$ 可以用下面的式子给出。

$$J_{\text{drift,h}} = qp\mu_h E \qquad (2.20)$$

▶▶ 2.4.3　电子与空穴的电流密度

关于空穴的电流密度 J_h，综合式（2.17）的扩散成分以及式（2.20）的漂移成分可得：

$$J_h = qD_h\left(-\frac{\mathrm{d}p}{\mathrm{d}x}\right) + qp \cdot \mu_h E \qquad (2.21)$$

同理，电子的电流密度 J_e 为：

$$J_e = -qD_e\left(-\frac{\mathrm{d}n}{\mathrm{d}x}\right) - qn \cdot \mu_e(-E) \qquad (2.22)$$

$$= qD_e\frac{\mathrm{d}n}{\mathrm{d}x} + qn \cdot \mu_e E$$

这里的 D_e 为电子的扩散系数，μ_e 为电子的迁移率。又因为电子带有负电荷，式（2.21）中的 q 在式（2.22）中成了 $-q$。又由于电子会朝着电场强度相反的方向漂移，因此在式（2.22）中使用 $-E$。

2.5 静电场的基本公式

为了理解半导体的特性，我们在此简单解释一下**静电场**（electrostatic filed）的基本公式。

▶▶2.5.1 静电场的基本公式

如图 2.31 所示，假如此时绝缘体中有两个电荷，那么会产生从 $+Q$ 的电荷出发，指向 $-Q$ 方向的电场 E。这里电荷会制造出被称为电场的一种"场（field）"。如果将带有正电荷的空穴放置在这种场中，它会使得空穴朝着 $-Q$ 也就是电场强度方向移动。反过来如果放置的是带负电荷的电子，就会朝着 $+Q$ 方向，也就是 E 的反方向移动。

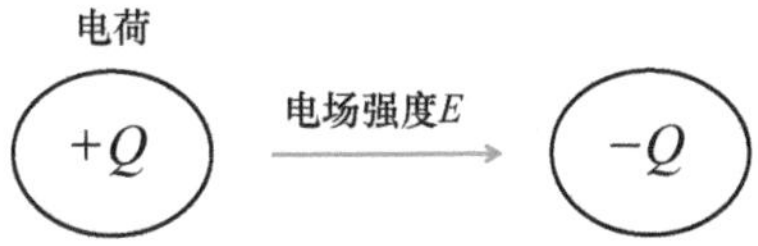

电荷

图 2.31 电荷 Q 与电场强度 E

法拉第为了直观地表达电场强度，引入了**电场线**（line of electric force）这一概念。电场线是虚拟的线，其密度表示的是电场强度。我们可以考虑从 Q 出发的 Q/ε 根电场线。其中 ε 为电容率，或者说是介电常数（permittivity），该值随物质的种类而改变。电场强度是指单位面积通过的电场线的数量（面密度）。图 2.32 中 N 根电场线通过了面积为 A 的区域，因此其中的电场强度 E 为 N/A。

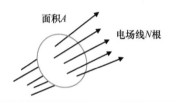

面积A

电场线N根

图 2.32　表示电场强度的电场线

电荷密度（charge density）ρ 与电场 E 以及电动势 Φ 的关系如下所示。这些关系会反映在能带图中。虽然是三维的问题，为了将其简化而以一维来考虑。

大部分的半导体装置中，磁感应强度 B 可以考虑为不随时间变化。这样的"场"称为静电场。静电场中的电场强度如果用电动势 ϕ 来表示，可以写成下面这个式子[37]。

$$E = -\frac{d\phi}{dx} \qquad (2.23)$$

给这个式子加上负号的理由，和给扩散电流的式（2.17）加上负号的理由是一致的，即 E 从 ϕ 的高处指向低处。电动势的分布如图 2.33 所示，此时点 A 处微分 $d\phi/dx$ 为正，E 是朝向负的方向，对应的是式（2.23）中的负号。而将 E 积分后，其结果是 ϕ。顺便一提，通常电动势的基准点为无限远，其电动势规定为 0V。

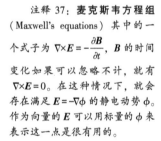

注释 37：**麦克斯韦方程组**（Maxwell's equations）其中的一个式子为 $\nabla \times E = -\dfrac{\partial B}{\partial t}$，$B$ 的时间变化如果可以忽略不计，就有 $\nabla \times E = 0$。在这种情况下，就会存在满足 $E = -\nabla\phi$ 的静电动势 ϕ。作为向量的 E 可以用标量的 ϕ 来表示这一点是很有用的。

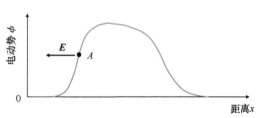

电动势 ϕ

0

距离x

图 2.33　电动势 ϕ 与电场强度 E 的方向

为了描述 ρ 与 E 的关系，我们可以使用泊松方程（Poisson's equation）[38]。

其一维形式为：

$$\frac{\mathrm{d}E}{\mathrm{d}x} = \frac{\rho}{\varepsilon} \tag{2.24}$$

比起微分形式，使用积分形式更容易让人理解其物理含义，因此将其转换为积分形式。电荷密度 ρ 积分后得到的电荷用 Q 来表示，而电场强度 E 在一维时就是电场线的根数 Q/ε。也就是说 ρ 积分后会与 E 成比例，进一步对 E 积分后会得到 ϕ。

▶▶ 2.5.2 电荷密度、电场、电动势的图解

在这一节中我们将图解之前提到的电荷密度 ρ、电场强度 E 以及电动势 ϕ 的关系。

首先以 ρ 的分布对 E 进行图解。图 2.34 中，ρ 的分布满足 δ 函数[39]。在位置 x_0 处有正电荷 Q。另一方面，x_1 处有负电荷 $-Q$。图 2.35（a）表示的是电场强度 E，$x<x_0$ 时电场线不存在，E 为 0。而 x 处于 $x_0 \leqslant x \leqslant x_1$ 区间时，有 Q/ε 根电场线，E 的值恒定为 Q/ε。而 $x>x_1$ 时电场线也不存在，E 为 0。在图 2.35（b）中，将 E 进行积分可得电动势 ϕ。$x<x_0$ 以及 $x_1<x$ 时，ϕ 为恒定值。$x_0 \leqslant x \leqslant x_1$ 时 ϕ 会直线减小，为 x 的一次函数。$x>x_1$ 时，ϕ 为 0。

注释 38：泊松方程可以用 $\nabla \cdot (\varepsilon E) = \rho$ 来表示。将其对体积 V 进行积分后并使用高斯定律，可得 $\int E\mathrm{d}S = \frac{1}{\varepsilon}\int \rho\mathrm{d}V$。此时，式子的右边是体积 V 中的电荷 Q 除以电容率的 Q/ε。左边表示的是从体积 V 所对应的表面 S 伸出的电场线的数量。

注释 39：δ 函数用于表现空间中只在一处存在的粒子。虽然那一处的密度为无穷大，但是对密度进行积分后得到的整体量将是有限的。

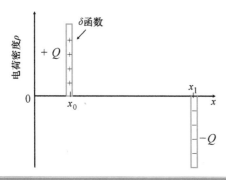

图 2.34　电荷密度 ρ 以 δ 函数分布时的情况

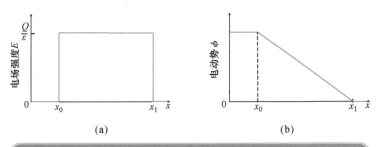

图 2.35 电荷密度 ρ 以 δ 函数分布时 (a) 电场强度 (b) 电动势

接下来考虑如图 2.36 所示的正的电荷密度 ρ_0（单位长度下），在长度为 L 的板上呈板状分布时的情况，其中 x_1 处有负电荷 $-\rho_0 L$。让我们考虑一下，$0 \leqslant x \leqslant x_1$ 区间范围内电场强度 E 与电动势 ϕ（导出过程的详细内容作为［习题2.8］）。

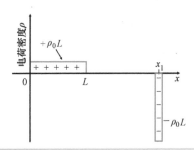

图 2.36 电荷密度为 ρ_0（单位长度平均）且处于长度为 L 的板状分布时的情况

$0 \leqslant x \leqslant L$ 区间上随着 x 的增大，电场线的根数也会增加，如图 2.37（a）所示，电场强度 E 是线性增大的。用式子来

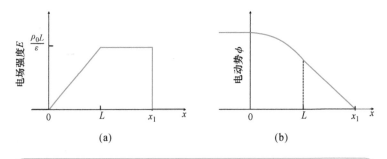

图 2.37 电荷密度为 ρ_0 且处于板状分布时的 (a) 电场强度 与 (b) 电动势 ϕ

表示的话，从零开始到 x 位置将式子（2.24）积分可得到 E，此时 E 是 x 的一次函数。而在 $L \leqslant x \leqslant x_1$ 上，E 是恒定的，其值为 $\rho_0 L/\varepsilon$。

$$
\begin{aligned}
E(x) &= \frac{1}{\varepsilon} \int_0^x \rho_0 \mathrm{d}x' \\
&= \frac{\rho_0}{\varepsilon} x
\end{aligned}
\tag{2.25}
$$

电动势 ϕ，如图 2.37（b）所示，将 E 积分后，在 $0 \leqslant x \leqslant L$ 区间上结果为关于 x 的二次函数，$L \leqslant x \leqslant x_1$ 区间上为 x 的一次函数。其中这个二次函数部分在外观上呈现为"上凸"的二次函数。

在这一节中，我们学习了静电场的基本公式。电荷密度 ρ，电场强度 E，电动势 ϕ 之间的关系会反映在能带图中。在下一章的 PN 结二极管中，我们将画出如图 2.36 一样的、电荷处于板状分布时的能带图。

[第 2 章总结]

（1）电子具有粒子和波的两重性质。

（2）原子孤立存在时，电子可以取得的能量并非是连续的，而是有间隔的离散值。

（3）原子在成为结晶之后能级就会分裂，分裂后将组成几乎是连续存在的能级形成的能带。

（4）Si 结晶中最外层的价带，在绝对零度时充满了电子，电流无法流动。通过给予热能等，使电子从价带移动到其上方的导带后，电流可以流动。而价带和导带之间有禁带，这里电子无法存在。禁带的宽度也被称为能隙 E_g。

（5）能级被电子充满的概率（占有率）是用费米-狄拉克分布函数来表示的。占有率为 1/2 时的能量称为费米能级，记为 E_F。

（6）绝缘体、半导体、金属之间的差异可以用能隙 E_g 来说明。

（7）I 型（本征）半导体中，电子会通过获得热能等能量而从价带中转移至导带中，并在价带中留下空穴。

（8）Si 结晶中掺杂 As 这些价电子为 5 个的杂质元素后，通过电子来导电而形成 N 型半导体。掺杂 B 这些价电子为 3 个的杂质元素后，可以成为用空穴来导电的 P 型半导体。

（9）通过使用电中性条件与质量作用定律，可以计算处于电中性以及热平衡状态下的电子和空穴的密度。

（10）电流是通过浓度梯度造成的扩散，以及电场引起的漂移来流动的。

（11）静电场中，电荷密度 ρ、电场强度 E，以及电动势 ϕ 之间存在关系。

▶▶ 习题

[习题 2.1] 原子孤立存在时，会形成"跳跃"而不连续的能级。请解释其原理。

[习题 2.2] 原子处于结晶状态时，会成为能带，请说明原理。

[习题 2.3] 解释费米能级 E_F。

[习题 2.4] 使用 E_g 说明绝缘体、半导体、金属之间的区别。

[习题 2.5] 回答关于下面三种半导体（案例 1~3）的相关问题（$T = 300\text{K}$）。

案例 1：向 Si 的 I 型半导体中掺杂浓度为 $1\times10^{14}\text{cm}^{-3}$ 的 As 之后的半导体。

（a）这种半导体的类型是什么（N、P 还是 I）？

（b）求出这种半导体在热平衡状态时的电子密度 n，以及空穴密度 p。

案例 2：同时向 Si 的 I 型半导体中掺杂浓度为 $1\times10^{14}\text{cm}^{-3}$ 的 As，以及 $1\times10^{15}\text{cm}^{-3}$ 的 B 之后得到的半导体。

（a）这种半导体的类型是什么（N、P 还是 I）？

（b）求出这种半导体在热平衡状态时的电子密度 n，以及空穴密度 p。

案例 3：同时向 Si 的 I 型半导体中，掺杂浓度为 $1 \times 10^{14} cm^{-3}$ 的 As，以及 $1 \times 10^{14} cm^{-3}$ 的 B 之后得到的半导体。

请求出这种半导体在热平衡状态时的电子密度 n，以及空穴密度 p。

[习题 2.6]　空穴密度 p 可以用式（2.11）表示。在 N 型半导体中 $N_d^+ - N_a^- \gg n_i$ 并且有 $N_d^+ \gg N_a^-$ 的关系时，请证明式（2.11）可以用表示少数载流子 p 的式（2.14）来表示这一结论。其中 $\sqrt{1+x}$ 可以近似使用 $1 + \dfrac{1}{2}x$ 来代替[40]。

[习题 2.7]　说明扩散与漂移。

[习题 2.8]　电荷在图 2.36 所示的电荷密度为 ρ_0（单位长度下）且分布于长度为 L 的板上，此外在 x_1 处有 $-\rho_0 L$。请求出 $0 \leqslant x \leqslant x_1$ 范围内的电场强度 E，以及电动势 ϕ。

▶▶ **习题解答**

[解答 2.1]　原子处于孤立存在的情况下，电子被限制在势阱中。势阱的墙壁非常高时，在墙面上电子的存在概率为 0。为了使这个边界条件成立，电子能取到的能量只有不连续的离散值。

[解答 2.2]　在原子处于结晶状态时，受到原子核以及电子的影响，能级会分裂。N 个原子集合成的结晶这一情形下，会分成 N 个能级。N 越大，能级会越来越接近连续的存在，最终成为能带。

[解答 2.3]　E_F 是电子存在概率（状态占有率）为 50% 时的能级。

[解答 2.4]　绝缘体中价带被电子占有，且 E_g 一般在 5eV 以上，由于 E_g 过大而电流无法流动。半导体中价带虽然被电子占有，E_g 在 3.5eV 以下，因此通过施加热能等能量后，电子会从价带移向导带，而使得电流可以流动。金属中由于能隙不存在，电子可以自由移动，电流也容易流动。

[解答 2.5]　解答下列 3 个案例。

注释 40：这里的近似用到了泰勒展开，在 $x \ll 1$ 的条件下，在 $x = 0$ 的附近成立。如果将 $\sqrt{1+x}$ 以及 $1 + \dfrac{1}{2}x$ 的两个函数图像画出来后，可以直观地看出，$\sqrt{1+x}$ 在 $x = 0$ 附近时可以近似为直线 $1 + \dfrac{1}{2}x$。

案例 1：

（a）因为是 As 掺杂，所以是 N 型。

（b）$n=10^{14}\,\mathrm{cm^{-3}}$，$p=n_i^2/n=10^{20}/10^{14}=10^6\,\mathrm{cm^{-3}}$。

案例 2：

（a）因为 B 比较多，所以是 P 型。

（b）N_a^- 与 N_d^+ 的差很小，因此根据式（2.12）可得：

$p=N_a^--N_d^+=10^{15}-10^{14}=9\times10^{14}\,\mathrm{cm^{-3}}$，$n=n_i^2/p=10^{20}/(9\times10^{14})=$
$1.1\times10^5\,\mathrm{cm^{-3}}$

案例 3：

$N_d^+-N_a^-=0$，式（2.12）的前提是 $N_d^+-N_a^-\gg n_i$ 不成立。因此，返回式（2.10），$n=n_i$。同理，根据式（2.11）有 $p=n_i$。因此 $n=p=10^{10}\,\mathrm{cm^{-3}}$。

[解答 2.6]　将 $N_d^+-N_a^-$ 作为 y，式（2.11）可变形为：

$$p=\frac{-y+\sqrt{y^2+4n_i^2}}{2} \tag{2.26}$$
$$=\frac{y}{2}\left[-1+\sqrt{1+\left(\frac{2n_i}{y}\right)^2}\right]$$

由于 $n_i\ll y$，使用近似式可得：

$$p\approx\frac{y}{2}\left[-1+\left(1+\frac{1}{2}\left(\frac{2n_i}{y}\right)^2\right)\right] \tag{2.27}$$

因此可得[41]：

$$p\approx\frac{n_i^2}{N_d^+-N_a^-} \tag{2.28}$$

由于 $N_d^+\gg N_a^-$，所以可变形为：

$$p\approx\frac{n_i^2}{N_d^+} \tag{2.29}$$

即得到式（2.14）。

注释 41：式（2.28）在推导时的假设前提是 $N_d^+-N_a^-\gg n_i$。如果 $N_d^+-N_a^-$ 与 n_i 的差值比较小，就不得不回到式（2.11）来计算。此外 $N_d^+-N_a^-$ 为 n_i 的 3 倍时式（2.28）的近似误差为 10% 左右，如果是 n_i 的 5 倍，近似误差会变小为 4%。

[解答 2.7]　扩散是由于载流子因为浓度梯度从浓度高的地方流向浓度低的地方这一现象造成的（本质为 random walk）。而漂移是因为在电场的作用下带有电荷的载流子会移动的这一现象。

[解答 2.8] $0 \leqslant x \leqslant L$ 这一区间，电场线的根数增加，如图 2.37（a）所示，电场强度会线性增大（是 x 的一次函数）。$L \leqslant x \leqslant x_1$ 这一区间，E 恒定并且值为 $\rho_0 L / \varepsilon$。也就是下面的两个式子所表达的含义。

$$E = \begin{cases} \dfrac{\rho_0}{\varepsilon}x & (0 \leqslant x \leqslant L) \quad (2.30) \\[3mm] \dfrac{\rho_0 L}{\varepsilon} & (L \leqslant x \leqslant x_1) \quad (2.31) \end{cases}$$

电动势 ϕ 可基于式（2.23）将 E 进行积分求得 ϕ 如图 2.37（b）所示，在 $0 \leqslant x \leqslant L$ 这一区间是 x 的二次函数，$L \leqslant x \leqslant x_1$ 这一区间是 x 的一次函数，也就是说会有：

$$\phi = \begin{cases} \dfrac{\rho_0}{\varepsilon}\left(-\dfrac{1}{2}x^2 + c_1\right) & (0 \leqslant x \leqslant L) \quad (2.32) \\[3mm] \dfrac{\rho_0 L}{\varepsilon}(-x + c_2) & (L \leqslant x \leqslant x_1) \quad (2.33) \end{cases}$$

其中 c_1 与 c_2 是积分常数。接下来求出 c_1 与 c_2。由于电动势 ϕ 选取的基准点是无限远为 0V，而电场线的末端总是负电荷，因此 $\phi(x_1)$ 为 0V。可得：

$$c_2 = x_1 \quad (2.34)$$

还有 $x = L$ 时式（2.32）以及式（2.33）的 ϕ 应该保持一致，又可得：

$$c_1 = L\left(x_1 - \dfrac{L}{2}\right) \quad (2.35)$$

进一步可以得到：

$$\phi = \begin{cases} \dfrac{\rho_0 L}{\varepsilon}\left(-\dfrac{1}{2L}x^2 + x_1 - \dfrac{L}{2}\right) & (0 \leqslant x \leqslant L) \quad (2.36) \\[3mm] \dfrac{\rho_0 L}{\varepsilon}(-x + x_1) & (L \leqslant x \leqslant x_1) \quad (2.37) \end{cases}$$

在 $0 \leqslant x \leqslant L$ 区间内，E 为 x 的一次函数，将 E 积分之后得到的 ϕ 是 x 的二次函数。而且这个二次函数从形状上来看是"上凸"的二次函数。

在位置 L 处的电动势 $\phi(L)$ 为：

$$\phi(L) = \frac{\rho_0 L}{\varepsilon}(x_1 - L) \qquad (2.38)$$

这对应的是图 2.37（a）的电场分布下，$L \leq x \leq x_1$ 区间内的四边形的面积。另一方面位置 0 的电动势 $\phi(0)$ 为：

$$\phi(0) = \frac{\rho_0 L}{\varepsilon}\left(x_1 - \frac{L}{2}\right)$$
$$= \phi(L) + \frac{\rho_0 L}{\varepsilon}\frac{L}{2} \qquad (2.39)$$

式（2.39）的第二项，对应的是在图 2.37（a）的电场分布时，$0 \leq x \leq L$ 区间内的三角形面积。

第 3 章

PN结二极管

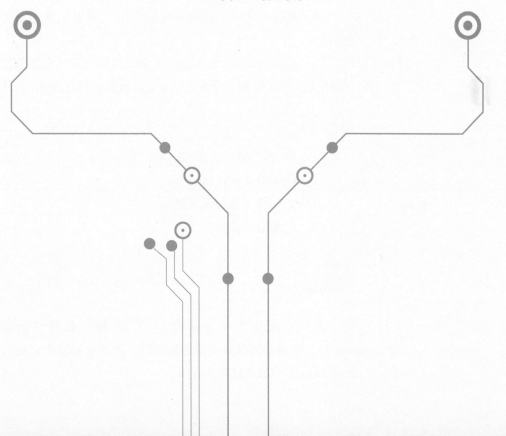

[目标]

将 N 型以及 P 型的半导体接合后，会形成两个电极的 PN 结二极管。这种器件有着使得电流只能朝一个方向流动的特征，因此有将交流电转换为直流电的整流作用。

本章最大的目标是让读者能够画出能带图，然后通过能带图直观地理解二极管的整流作用。

首先将学习两端都接地的情况下的能带图。其次，通过能带图理解在施加电压情况下的 PN 结二极管的特性。最后，通过简单的式子来理解电流电压特性。

[提前学习]

（1）阅读 3.1 节，能够说明 PN 结二极管的整流作用。

（2）阅读 3.2 节，能画出两个电极接地情况下的 PN 结二极管的能带图。

（3）阅读 3.3 节，能画出施加电压（偏置）情况下的能带图。

（4）阅读 3.4 节，能够说明扩散长度以及施加偏置情况下的 PN 积。并能理解正向偏置以及反向偏置时的电流电压特性。

[这一章的项目]

（1）PN 结二极管的结构以及整流作用。
（2）能带图（接地时）。
（3）能带图（施加偏置时）。
（4）电流电压特性。

3.1 PN 结二极管的结构以及整流作用

首先介绍作为半导体器件的 PN **结二极管**（junction diode）。这种器件是许多器件的基础，因此非常重要，而且其对于理解能带图来说非常有用。

▶▶ 3.1.1 PN 结二极管的构造

图 3.1（a）是 PN 结二极管的结构，N 型半导体的基板上有 P 型半导体的区域。为了简化问题，本书使用如图 3.1（b）所示的一维结构的 PN 结二极管进行说明。这是图 3.1（a）中的 A-A'部分截取区域对应的结构。而图 3.1（c）是 PN 结二极管的符号，并标出了电流的流动方向。

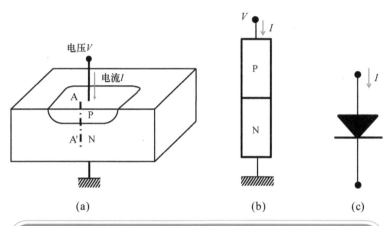

（a）　　　　　　　　（b）　　　　　　（c）

> **图 3.1　（a）PN 结二极管的结构，（b）A-A'横截面的一维结构，（c）符号**

图 3.2 表示的是电流电压特性。正电压 V 被施加到二极管时，会产生电流 I，并且其大小会随着电压成指数函数形式增大。这也被称为**正向偏置**（forward bias）[1]。相反，如果加上负的电压，基本上无电流流动，被称为**反向偏置**（reverse bias）。如果进一步增大负的电压，会导致二极管被击穿，而使得电流

注释1：偏置（bias）是施加电压的意思。准确来说，是指为了能让电路正常运行而提供直流电压（或是电流）这一行为。一般通过偏置来设定工作点。

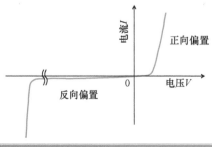

> **图 3.2　PN 结二极管的电流-电压特性**

非常大。本书不涉及这种现象。

▶▶ 3.1.2 整流作用

PN结二极管的主要作用是将交流电转换为直流电。

图3.3（a）所示是整流电路。像图3.3（b）所展示的那样，只有在输入电压 V_{in} 为正的时候，才会有电流 I 流动，并使得负载电阻 R_L 上产生电压降 V_{out}，$V_{out}=IR_L$。V_{in} 在正的时候会有电流 I 流动[2]，如果是负的，则不存在电流。这被称为**半波整流**（half-wave rectification）。增加电容等器件[3]，可以使得 V_{out} 的波形进一步平滑化，最终变成直流电。

注释2：实际上 I 变化，V_{out} 也会随之变化，加载在 PN 结二极管上的输入电压也会变化。为了简化，在这里忽视这种变化。

注释3：关于电容，会在5.1.1节中说明。

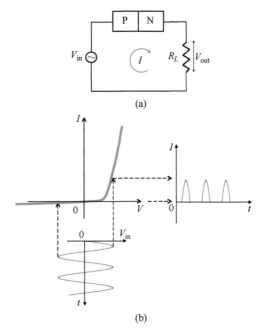

图3.3 （a）整流电路，（b）输入电压 V_{in} 以及电流 I

3.2 能带图（接地时）

首先说明一下能带图。如图3.4（a）所示，半导体的右侧施加-0.5V的电压后会产生电场。能带图图3.4（b）虽然是向上倾斜的，只是由于电子获得的能量而使得其变得像

图 3.4（b）一样右侧被抬高 0.5eV。由于漂移的关系，电子 e 会向左运动，而空穴 h 会向右移动。势能是一种位能，因此电子放出能量后，会朝 E_C 落下来。另一方面，空穴在放出能量后，会朝着 E_V 像泡泡一样往上冒。

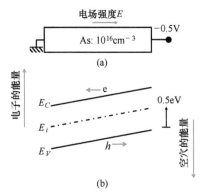

图 3.4　（a）向半导体施加电压，（b）能带图

▶▶ 3.2.1　接合之前的能带图

让我们考虑一下 N 区与 P 区在接合之前各自的能带图。图 3.5（a）是接合前的 N 区与 P 区，图 3.5（b）是其各自的能带图。在这个例子中，让浓度为 $10^{16}\mathrm{cm}^{-3}$ 的 As 掺杂形成的 N 区以及用浓度为 $10^{15}\mathrm{cm}^{-3}$ 的 B 掺杂形成的 P 区进行接合，形成二极管[4]。

注释 4：杂质分布是呈阶梯状急剧变化的，所以也被称为**阶跃结**（step junction）。

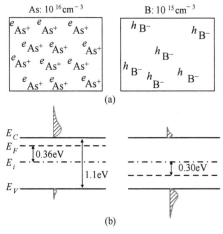

图 3.5　（a）接合前的 N 区与 P 区，（b）接合前的能带图

就像在 2.2 节提到的那样，N 区的多数载流子，也就是电子，其密度 n 为 10^{16}cm^{-3}，而作为少数载流子的空穴，其密度 p 为 10^4cm^{-3}。而在 p 中，p 为 10^{15}cm^{-3}，N 为 10^5cm^{-3}。这时的费米能级 E_F 与 I 型半导体的费米能级 E_i 的能量差为 $|E_F-E_i|$，**掺杂浓度**记为 N，可以通过式（2.2）以及式（2.3）得到下面的式子。

$$|E_F-E_i|=kT\ln\frac{N}{n_i}$$
$$=kT\ln 10\log\frac{N}{n_i}$$
（3.1）

其中，$kT\ln10$ 在室温（300K）时为 60meV。在这个例子中，N 区的 $|E_F-E_i|=360\text{meV}$，P 区的 $|E_F-E_i|=300\text{meV}$。

▶▶3.2.2 接合之后的能带图

接下来考虑一下接合后的状态（处于不外加电压时的热平衡状态）。如图 3.6 所示，首先电子和空穴会朝浓度较低的方向扩散。电子会进入 P 区，空穴会扩散至 N 区。接合面附近会因为充满了电子和空穴，以至于电子和空穴的乘积超过了热平衡的 PN 积数值，即 n_i^2。因此电子和空穴会复合，释放出**声子**（phonon）[5] 或者**光子**（photon）[6]。其结果是 PN 结附近的电子以及空穴会比掺杂浓度低，形成电子密度以及空穴密度可以忽略不计的**耗尽层**（depletion layer）。而耗尽层中存在电离的施主（As⁺）以及受主（B⁻）。此时，会形成电场，而且其

注释 5：就像电子具有波和粒子的两种性质一样（请参考2.1.1 节），晶格振动也具有粒子性，这种粒子被称为声子。

注释 6：这就是 LED（light emitting diode）的基本原理。电子和空穴因为复合而释放出的能量以光子也就是光的形式放出。

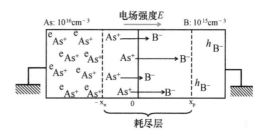

图 3.6　热平衡状态（$V=0\text{V}$）时的 PN 结。As⁺指向 B⁻方向的箭头线为电场线

电场线是从 As[+]出发指向 B 的。

接合瞬间会形成扩散电流,只是这种扩散电流没多久就因为在上述电场的作用下形成的漂移电流而被平衡掉。也就是说这时的净电流为 0。

能带图对于理解 PN 结的工作原理非常有用。笔者想使用图 3.7 来说明热平衡状态下的能带图画法。

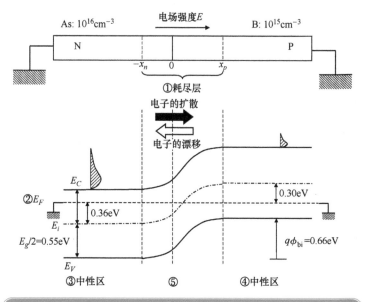

图 3.7 热平衡状态 ($V=0V$) 的 PN 结的能带图

① 首先画出耗尽层的宽度。此时,掺杂浓度较低的一侧,要将耗尽层的宽度画宽一些[7]。耗尽层宽度的具体计算方法请参见【附录 7】。这种构成 (As 的浓度为 $10^{16}\mathrm{cm}^{-3}$,B 的浓度为 $10^{15}\mathrm{cm}^{-3}$) 中,N 区一侧的耗尽层宽度 x_n 为 0.09μm,而 P 区一侧的耗尽层宽度 x_p 为 0.88μm[8]。

② 沿着水平方向画出 E_F (理由将在之后解释)。

③ N 区的电荷中性区[9]的 E_i 应该画在比 E_F 低 0.36eV 的位置上。接着分别在 E_i 的上下位置画出 E_C 以及 E_v。注意这里画在从 E_i 开始的 $E_g/2$ 能量差的位置。

④ 同理,在 P 型一侧,P 型的中性区的 E_i 以及 E_C、E_v 都可以类似地画出来。而 E_i 应该画在比 E_F 高 0.30eV 的位置上。

注释 7:关于在较为稀薄的一侧,其耗尽层相对要更宽的理由会在 3.2.3 节中说明。具体是为了能让 N 区的耗尽层的正电荷以及 P 区的耗尽层的负电荷互相抵消,低浓度一层的耗尽层要更宽才行。

注释 8:P 区的掺杂浓度为 N 区的 1/10,因此 x_p 会是 x_n 的 10 倍。为了能让图看起来方便,这里就不在图 3.7 中画出 10 倍的宽度了。

注释 9:就像在 2.3.1 节中说过的那样,载流子浓度以及掺杂浓度是互相平衡的。电荷处于中性的区域被称为中性区。

⑤ 画出耗尽层的E_c以及E_v。这时接合面的边界附近可以分别画出"向下凸"以及"向上凸"的二次函数。

在图 3.7 中，箭头的方向表示电子的流动方向。电子是通过扩散从浓度较高的 N 区流向稀薄的 P 区。而另一方面，耗尽层内的 As⁺ 以及 B⁻ 产生的电场会使得电子发生漂移，而从 P 区流向 N 区。其结果是，净电流为 0。同样的解释也适用于空穴。

接下来，笔者想说明②中E_F画成水平的原因。N 区以及 P 区的费米能级一致，且E_F保持水平是因为净电流为 0。发生的电场使得漂移电流与扩散电流相互抵消了。这表现了"处于热平衡状态下的系统，费米能级在系统内部各处恒定"这一定律。为了E_F能保持水平，P 区一侧的能带就得变高。在这个例子中，具体来说会高出 0.66eV。这个数值换算成电动势的话，这里的 0.66V 就是"**势垒**"，被称为**内建电动势**（built-in potential）ϕ_{bi}。另外此处的 0.66eV 是 N 区的 $|E_F - E_i|$ 的 0.36eV 与 P 区的 0.30eV 的和。

我们使用图 3.8 来说明内建电动势。水面高度不同的两个水缸使用管道连通时，水可以流动。为了能让水的流动停下来，我们将右侧的水缸抬高一些就好了。这样做的话，水面的高度就一致，水也不会流动了。将右侧的水缸抬高这件事就好比内建电动势 ϕ_{bi}，而水面就好比是E_F。

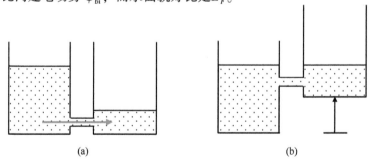

(a)   (b)

图 3.8　关于内建电动势 ϕ_{bi} 的说明。（a）水面高度不同的两个水缸以及 （b）右侧的水缸被抬高时的情形

耗尽层这一说法容易给人以电子和空穴在此处都不存在的误解。由于处于热平衡状态，根据质量作用定律，PN 积在任

何地方都应该是 n_i^2。图 3.9 表示的是耗尽层的载流子浓度[10],耗尽层中的电子以及空穴都存在,只是和掺杂浓度相比,电子和空穴的浓度都是可以忽略不计的。

注释 10:这里的在图中同时标注了载流子浓度的 PN 积形式。单位是 $10cm^{-6}$。

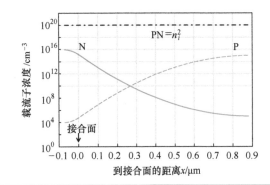

图 3.9 耗尽层中的载流子浓度。热平衡状态下 PN 积在任意处皆为 n_i^2。耗尽层内电子以及空穴皆存在。其中 x_n 为 $0.09\mu m$,x_p 为 $0.88\mu m$

▶▶ 3.2.3 能带图与电荷密度、电场及电动势

接下来说明的是 PN 结二极管的电荷密度 ρ,电场 E 以及电动势 ϕ。这些将会反映于能带图中。图 3.10(a)表现的是 PN 结的结构,可以看到耗尽层延展出了一段。图 3.10(b)是电荷密度 ρ。N 区为耗尽层的宽度 x_n,正电荷量为 $qN_d^+ x_n$。另一方面 P 区耗尽层的宽度为 x_p,负电荷量为 $-qN_a^- x_p$。由于 NP 两区的正负电荷应相互平衡,因此掺杂浓度较低一侧的耗尽层就要宽一些,以至于 $N_d^+ x_n = N_a^- x_p$。如果是电荷分布为板状的情况,那就如图 2.36 的情形一样,从 As^+ 到 B^- 方向的电场线的根数(面密度)会从 N 区的耗尽层一端朝着 PN 接面方向线性增加(参考图 3.6)。而 P 区中电场线数目则是以 B 为终点一路线性减少。图 3.10(c)是电场强度 E,从耗尽层的边缘向接合面线性递增,在接合面处电场强度达到最大[11]。一维的 PN 结中接合面总是取到最大电场强度的地方。电场强度以距离积分后,可以得到电动势,如果放回图中,电场强度的三角形面积($\int E dx$)即为内部电动势 ϕ_{bi}。图 3.10(d)表

注释 11:就像在 2.5.1 节中所述的那样,电场线的根数为电场强度。

示的是电动势 ϕ[12]。以接合面为边界分别呈"向上凸"的二次函数以及"向下凸"的二次函数形状。这种电动势的形状上下颠倒后，可以得到能带图。

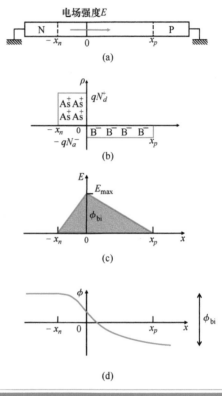

图 3.10 （a）PN 结（$V=0$V）的（b）电荷密度，（c）电场强度以及（d）电动势

　　杂质分布也就是电荷密度 ρ 一定（可以理解为 x 的 0 次函数）时，将 ρ 积分后得到的电荷 Q 为 x 的一次函数。和 Q 成比例的电场强度也是其一次函数。进一步将电场强度 E 积分后得到的电动势 ϕ 则是 x 的二次函数。

3.3 能带图（施加偏置时）

　　前一节中我们学过了不施加偏置电压时，处于热平衡状态下的能带图。在这一节中将说明施加偏置电压时的能带图。

▶▶ 3.3.1　反向偏置时的能带图

　　首先考虑一下施加反向偏置时的能带图。如图 3.11 所示，在 P 区施加-0.3V 时，势垒为内部电压 ϕ_{bi} 与施加电压之和为 0.96V。此时和热平衡状态（$V = 0V$）相比势垒更高，耗尽层也会扩大[13]。几乎没有电流流动。

　　这里的能带图和前一节的热平衡状态时（$V = 0V$）的能带图不同的是，由于偏置导致的 N 区以及 P 区的 E_F 是不一致的。P 区上施加-0.3V 后，P 区的电子势能会变大。因此，和 N 区的费米能级 E_{Fn} 相比较，P 区的费米能级 E_{Fp} 会高出 0.3eV。还有一个不同之处是，施加反向偏置之后，N 区以及 P 区的耗尽层会同时延展出去。相比较而言，掺杂浓度相对较低的一侧的耗尽层会扩得比较大[14]。关于能带图的画法，由于和前一节中说明的接地时的情况几乎一模一样，因此下面参考图 3.11 给出说明。

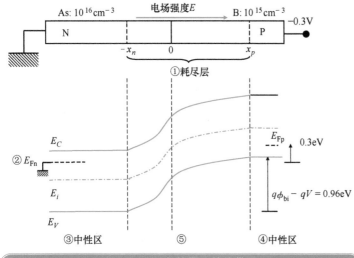

注释13：如图 3.10（c）中说明的一样，热平衡状态下电场强度的三角形面积为内部电压 ϕ_{bi} 的数值。如果施加负的电压 V，则三角形的面积会变为 $\phi_{bi} - V$，此时数值会更大，耗尽层也会扩大。

注释14：电荷大小相等而平衡，$N_d^+ x_n = N_a^- x_p$。

图 3.11　反向偏置下的能带图

　　① 画出耗尽层的宽度。这时，在掺杂浓度较低一侧耗尽层的宽度要画得宽一些。（【附录7】$x_n = 0.11\mu m$，$x_p = 1.06\mu m$）。

　　② 画出 E_F。由于 P 区上施加了-0.3V，因此 P 区的 E_{Fp} 要比 N 区的 E_{Fn} 高 0.3eV。此外耗尽层不处于热平衡状态，不画 E_F[15]。这是因为施加电压情况下的耗尽层中的 E_F 无法定义[16]。

注释15：准确来说，是从耗尽层的边缘开始，到距离扩散长度的部分为止，并不处于热平衡状态（之后会在 3.4 节中提到）。

注释16：有一种被称为准费米能级（quasi-Fermi level）的能级，即使是施加偏置的情况也可以适用。

之后的③~⑤和图 3.7 的情况一样。

此外，由于是反向偏置，与 $V=0V$ 时相比势垒更高了。

▶▶ 3.3.2 正向偏置时的能带图

接下来说明有电流流动的正向偏置时的能带图。

图 3.12 展示的是 P 区上施加 0.3V 正向偏置时的情形。能带图中由于 P 区上施加 0.3V 正向偏置，其电子能量会变低，比起接地的 N 区的 E_{Fn}，E_{Fp} 会低 0.3eV。PN 结的势垒也会变低，电子会从 N 区流向 P 区，空穴会从 P 区流向 N 区[17]。**空间电荷**（space charge）区[18]的宽度比起 $V=0V$ 时更窄（【附录 7】，$x_n=0.07\mu m$，$x_p=0.65\mu m$）。

图 3.13 展示的是 P 区上施加 1V 电压的情况。N 区向 P 区注入的电子会超过 P 区的掺杂浓度。这被称为**大注入**（high-injection）[19]状态。施加 1V 的电压时，会有非常大的电流流动，此时中性区的电阻分压造成的电压下降会更明显。由于这一部分的电动势下降，中性区的能带图会有倾斜。此外，即使像这样施加 1V 的电压，由于中性区造成的电动势下降，空间电荷区上只会存在比施加的电压更低的电压，因此势垒会得以保留。

注释 17：因为电子带的是负电荷并从 N 区向 P 区流动，电流则是朝着电子的反方向运动的，即从 P 区流向 N 区。空穴由于携带的是正电荷，电流运动方向和空穴一致，从 P 区流向 N 区。

注释 18：正向偏置下由于注入了少数载流子，PN 积会比 n_i^2 更大。此时使用耗尽层这个名字不合适，应该称为空间电荷区。

注释 19：根据少数载流子的注入水平，可以分为小注入（low-injection）、中注入及大注入。

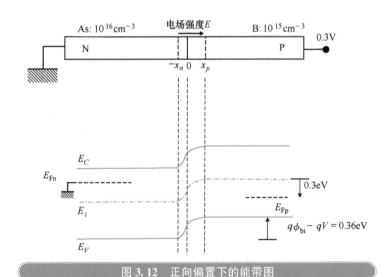

图 3.12　正向偏置下的能带图

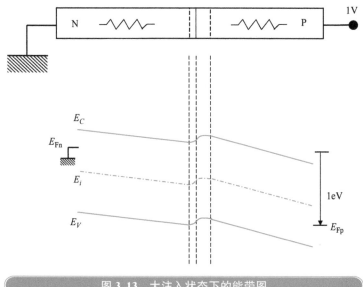

图 3.13　大注入状态下的能带图

3.4　电流电压特性

在这一节中，将会说明关于 PN 结二极管的电流电压特性。这对于 4.2.2 节中的双极性晶体管的电流电压特性的理解来说是必要的基础。此外，这和 6.2.5 节的 MOS 晶体管的亚阈值电流特性也有关。

▶▶ 3.4.1　扩散长度

首先说明"**扩散长度**（diffusion length）"。这是决定 PN 结的电流的重要概念。

如图 3.14（a）所示，在 P 衬底的表面（$x=0$）位置上，如果持续地使用光进行照射，电子和空穴会在表面产生。产生的少数载流子的电子会在 Si 中扩散开[20]。图 3.14（b）展示的是 Si 衬底中的稳态下的电子分布。电子会和空穴复合，并呈指数函数型递减。这里 $n_p(0)$ 是 P 型 Si 表面的电子密度，n_{p0} 是 P 型中的电子的热平衡值[21]。解出扩散方程可得

注释 20：少数载流子的漂移电流，和扩散电流比较起来可以忽略不计。

注释 21：后缀的 P 指的是 P 型。$n_p(0)$ 中的 0 指的是自 Si 衬底表面的距离。n_{p0} 的 0 指的是热平衡状态。

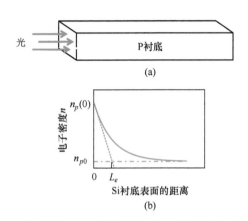

(a)

(b)

图 3.14 扩散长度的说明。(a) 光的照射以及 (b) 电子分布

$$n_p(x) = \Delta n_p(0) e^{-\frac{x}{L_e}} + n_{p0} \tag{3.2}$$

这里 L_e 为电子的扩散长度。$\Delta n_p(0)$ 为 Si 表面发生的过剩的电子密度。其大小为

$$\Delta n_p(0) = n_p(0) - n_{p0} \tag{3.3}$$

扩散长度 L_e 表明电子在半导体衬底中，在多大程度上进行了扩散。此外 L_e 为 $\sqrt{D_e \tau_e}$。这里 D_e 为电子的扩散系数，τ_e 为电子的寿命 (life time)[22]。D_e 越大，τ_e 越长，L_e 也越长。此时电子会从表面向衬底的深处扩散开。

由于光而产生的电子会由于扩散向衬底的方向流动[23]。$x = 0$ 处的浓度梯度 dn/dx 为图 3.14 (b) 中的虚线所示的 $-\Delta n_p(0)/L_e$。因此 $x = 0$ 处的电子的扩散电流 $I_{\mathrm{diff},e}(0)$ 可以类比式 (2.17)，用下面的式子表述。

$$\begin{aligned}
I_{\mathrm{diff},e}(0) &= -qD_e \left(-\frac{dn}{dx} \right)_{x=0} A \\
&= -qD_e \frac{\Delta n_p(0)}{L_e} A
\end{aligned} \tag{3.4}$$

▶▶ 3.4.2 空间电荷区中的 PN 积

为了理解 PN 结二极管的电流电压特性，非常重要的一点是理解电压 V 会对空间电荷区中的 PN 积造成什么样的影响。

注释 22：由于光等因素导致的处于非平衡状态的载流子，返回平衡状态所需要的时间为电子的寿命。3.4.3 节中也会提到这一点。寿命 τ 的具体数值请参考【附录 8】。同时，扩散系数 D 以及扩散长度 L 的数值请参考【附录 10】。

注释 23：由光产生的空穴也会朝着衬底方向流动。因此电子电流以及空穴电流的和为 0，不存在净电流。

施加正向偏置时，PN 积会随着电压呈指数形式增加。而施加反向偏置时，PN 积则呈指数形式递减。只是反向偏置时的 PN 积比 n_i^2 小得多，因此可以忽略（$PN \ll n_i^2$），呈现耗尽态。

在 3.3 节中说明过了能带图。由于电压 V 的关系，n 区以及 P 区的 E_F 会分离。

$$E_{Fn} - E_{Fp} = qV \qquad (3.5)$$

这里 E_{Fn} 以及 E_{Fp} 分别是 N 区以及 P 区的中性区的 E_F。这里假设空间电荷区中的 E_{Fn} 以及 E_{Fp} 分别处于恒定并在水平方向延展。由式（2.2）以及式（2.3）可得

$$N = n_i e^{\frac{E_{Fn} - E_i}{kT}} \qquad (3.6)$$

$$P = n_i e^{\frac{E_i - E_{Fp}}{kT}} \qquad (3.7)$$

因此空间电荷区中的 PN 积可以用下面的式子表达：

$$PN = n_i^2 e^{\frac{qV}{kT}} \qquad (3.8)$$

这个式子在考虑二极管的电压电流特性时非常重要。在室温（300K）下，施加 0.3V 的正向偏置时，PN 积会增加到 n_i^2 的 10^5 倍。另一方面，如果施加 0.3V 的反向偏置，PN 积会减少到 n_i^2 的 $1/10^5$。当然，$V = 0V$ 时 PN 积为 n_i^2。

接下来，将使用简单的公式来说明正向偏置的电流电压特性。

▶▶ 3.4.3 正向偏置下的电流电压特性

正向偏置的电流电压特性，会像图 3.15 所示的那样，电流随着电压呈指数函数递增。

$$I \propto e^{\frac{qV}{mkT}} \qquad (3.9)$$

图 3.15 中，$V < 0.4V$ 的小注入状态时 $m = 2$，中注入状态下 $m = 1$，而大注入状态下 $m \geqslant 2$ 以上的数值。在此说明其理由。

如图 3.16（a）所示，将其分为 3 个区分别进行说明。区①为 N 区的中性区（从空间电荷区的边缘到扩散长度 L_h 为止），②空间电荷区，③P 区的中性区（从空间电荷区的边缘到扩散长度 L_e 为止）。这 3 个区域在施加正向偏置时 PN 积会比 n_i^2 多。因此如图 3.16 中的箭头所示的那样，电子和空穴会

发生复合。此时 3 个区域并非处于热平衡状态，而是施加了偏置导致的非平衡状态。此时存在电流的流动，其中有复合电流 I_{rec}，电子的扩散电流 $J_{\mathrm{diff,e}}$ 以及空穴的扩散电流 $J_{\mathrm{diff,h}}$。

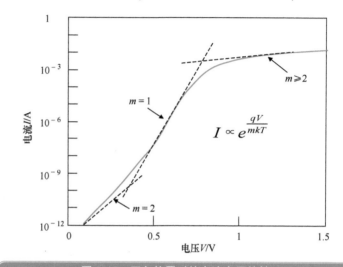

$$I \propto e^{\frac{qV}{mkT}}$$

图 3.15　正向偏置时的电流电压特性

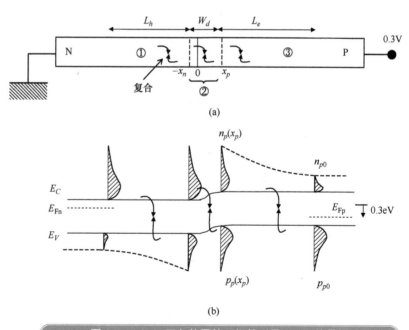

图 3.16　（a）正向偏置的二极管以及（b）能带图

（1）复合电流：空间电荷区中的复合

区域②中产生了复合现象。如图 3.17 所示的那样，能隙中存在**陷阱能级**（trap level），Si 是通过这样的陷阱能级来实现复合的[24]。τ_e 和 τ_h 分别是电子以及空穴的**寿命**[25]。陷阱能级处于能隙的中央时，复合最容易发生。

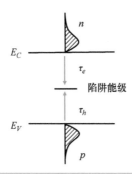

$$图 3.17 \quad 空间电荷区中的复合$$

这是由于导带的电子以及价带的空穴方便到达陷阱能级的缘故。此外复合概率在导带的电子以及价带的空穴数目一致（$n=p$）时，可以取到最大值[26]。也就是说，关于 PN 积的式子（3.8）变形为：

$$n = p \tag{3.10}$$
$$= n_i e^{\frac{qV}{2kT}}$$

复合可以取到最大值。I_{rec} 是区域②中的单位体积中的单位时间内，进行复合的载流子数目。其中假定空间电荷区中复合的发生是均匀分布的，U 是单位时间内的**净复合速度**（net recombination velocity）[27]。I_{rec} 可以用下面的式子表示：

$$I_{rec} \approx -qUW_dA$$

$$\approx -q\,\frac{n}{\tau_e+\tau_h}W_dA \tag{3.11}$$

$$= -q\,\frac{n_i e^{\frac{qV}{2kT}}}{\tau_e+\tau_h}W_dA$$

（理论细节可参考【附录 8】）。这里，W_d 为空间电荷区的宽度，A 是横截面面积[28]。小注入状态下复合电流处于支配状态，复合在 $n=p$ 的情况下达到最大，可得 $m=2$。而中注入和大注入状态下，扩散电流会占支配地位，这一点接下来会说明。

（2）扩散电流：空间电荷区之外的复合

在此说明，区域③的电子扩散电流 $J_{\mathrm{diff,e}}$ 从②的空间电荷区的边缘（$x=x_p$）注入的密度为 $n_p(x_p)$ 的电子，根据 3.4.1 节所述，由于浓度梯度的关系，其会在③中的 p 区中扩散。$x=x_p$ 下的 $J_{\mathrm{diff,e}}(x_p)$ 和式（3.4）类似，可以用下面的式子来表示。

$$J_{\mathrm{diff,e}}(x_p) = -qD_e \frac{n_p(x_p)-n_{p0}}{L_e} A \qquad (3.12)$$

扩散电流 $J_{\mathrm{diff,e}}(x_p)$ 是由空间电荷区向 P 区注入的电子密度 $n_p(x_p)$ 决定的。在空间电荷区中施加电压 V 时，PN 积会遵从式（3.8）增大。中注入状态下多数载流子的空穴密度 $p_p(x_p)$ 根据电中性条件会与 N_a^- 相等。可以表述为下面的式子。

$$p_p(x_p) = N_a^- \qquad (3.13)$$

实际上这是中注入状态下 m 等于 1 的要点。被注入的少数载流子的电子的密度 $n_p(x_p)$ 由式（3.8）的 PN 积可得

$$n_p(x_p) = \frac{n_i^2 e^{\frac{qV}{kT}}}{N_a^-} \qquad (3.14)$$

$$= n_{p0} e^{\frac{qV}{kT}}$$

式（3.14）中注入状态下，施加的电压被用于增加少数载流子上。因此式（3.12）的扩散电流为

$$I_{\mathrm{diff,e}}(x_p) = -qD_e \frac{n_{p0}}{L_e}(e^{\frac{qV}{kT}}-1)A \qquad (3.15)$$

式（3.15）中注入状态下 $\exp\left(\dfrac{qV}{kT}\right) \gg 1$、$m=1$。施加正向偏置时势垒会下降，注入电子会呈指数函数增大。中注入状态下，通过施加电压，只有少数载流子会增加，且 $m=1$。此外区域①中空穴的扩散电流 $J_{\mathrm{diff,h}}$ 也可以同样求出，此时 $m=1$。

大注入状态下，虽然会与图 3.13 所示的一样，受到中性区的电阻影响，但是即使电阻为 0Ω，m 的数值也会是 2。注入水平变大之后，超过掺杂浓度 N_a^- 的电子被注入时，为了平

衡新注入的电子而趋向达到电中性条件,这时候空穴也会随之增加。也就是说会有

$$p \approx n \tag{3.16}$$

PN 积就像式(3.8)表述的那样,$m = 2$。中注入状态下施加的电压被用作增加少数载流子。与此相比,大注入状态下施加电压除了被用作增加少数载流子,也被用作了增加多数载流子。因此,和施加电压相比,电流的增大速率比较迟缓,m 也会变大。由于电阻的影响,m 会大于 2。

接下来考虑一下电流的成分。图 3.18(a)为 PN 结二极管的结构。图 3.18(b)展示的是电子电流 I_e 以及空穴电流 I_h 对于位置 x 的依赖性。如图 3.18(b)所示,因为是具有双端口的半导体器件,I 在各处都为定值,也就是:

$$I = I_e(x) + I_h(x) \tag{3.17}$$
$$= 定值$$

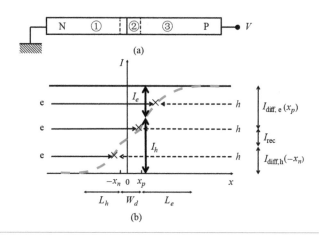

图 3.18　正向偏置的(a)二极管结构,(b)电子电流 I_e 以及空穴电流 I_h。假定此时空间电荷区中存在一定的复合,并用 x 在图中表示

只是 I 虽然为定值,电流是由电子 e 流动形成的还是空穴 h 流动形成的这一点是有区别的。在 n 区中主要是电子的流动,p 区主要是空穴的流动。

电流 I 主要可以分为下面 3 种成分。这里使用图 3.18(b)来说明电子的流动(空穴同理)。

注释29：区域①、区域③的扩散电流也可以用复合电流表达。比如区域③的中注入状态下（$P_p \gg n_p$）的净复合 U 为 $(n_p - n_{p0})/\tau_e$。复合电流 I_{rec}，③为 $-q\int_{x_p}^{\infty} U dx \cdot A$。根据 $L_e = \sqrt{D_e \tau_e}$ 可得 I_{rec}，③ $= -qD_e/L_e^2\int_{x_p}^{\infty}(n_p - n_{p0})dx \cdot A$。这个式子和扩散电流的式（3.15）是一样的。也就是从区域②到区域③在 $x = x_p$ 注入的过剩电子在中性区③中和空穴发生了复合。

（i）$J_{\text{diff,e}}(x_p)$：电子通过区域①以及区域②，注入区域③。作为少数载流子的电子会扩散，并由于复合导致数值减小，回归平衡值[29]。

（ii）I_{rec}：电子通过区域①，在区域②中和空穴进行复合。

（iii）$J_{\text{diff,h}}(-x_n)$：在区域①中，电子和被注入的空穴进行复合。

其中多数载流子主要是以漂移方式流动的。

电流 I 在 3 个区域中发生复合的和（单位时间相当），与 3 个电流成分之和是相等的。也就是：

$$I = I_{\text{diff,e}}(x_p) + I_{rec} + I_{\text{diff,h}}(-x_n) \tag{3.18}$$

正向偏置之下的电流电压特性是，小注入状态下由于复合电流而使 m 为 2，中注入状态下，由于扩散电流占支配地位而使 m 变为 1。大注入状态下，由于受到电阻的进一步影响而使 m 在 2 之上。

▶▶ 3.4.4 反向偏置下的电流电压特性

反向偏置时，耗尽层中的 PN 积会比 n_i^2 更少，如图 3.19 的箭头所示。反向偏置的电流是由产生电流 I_{gen}、电子的扩散电流 $J_{\text{diff,e}}(x_p)$，以及空穴的扩散电流 $J_{\text{diff,h}}(-x_n)$ 形成并流动的。

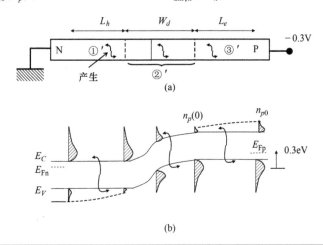

图 3.19　（a）处于反向偏置的二极管以及（b）能带图

图 3.19（a）的区域②′中的产生电流 I_{gen} 为：

$$I_{gen} \approx q\,\frac{n_i}{\tau_e + \tau_h}W_d A \qquad (3.19)$$

（详细内容请参考【附录 8】）。和正向偏置下的复合电流的式（3.11）比起来，由于耗尽化的缘故，n 变为 n_i。当然由于符号为正，电流的方向和正向偏置时相反。施加反向偏置后，空间电荷区的宽度 W_d 会伸长，I_{gen} 会增加。因此，会展现出较弱的偏置相关性。

区域③′中的电子扩散电流 $J_{diff,e}$ 是和式（3.15）完全一致的。如图 3.19（b）所展示的那样，施加负的反向偏置 V 后，$\exp\left[\dfrac{qV}{kT}\right]$ 呈指数函数下降。如果使得反向偏置 V 更深[30]，$e\left[\dfrac{qV}{kT}\right]$ 会变得远小于 1，可忽略不计，此时有

注释 30：指让负的电压变大。

$$I_{diff,e}(x_p) \approx qD_e\,\frac{n_{p0}}{L_e}A \qquad (3.20)$$

在此电流的朝向和正向偏置时相反。此外由于 $\exp\left[\dfrac{qV}{kT}\right]$ 的项消失了，$I_{diff,e}(x_p)$ 几乎不会表现出偏置相关性。对于区域①中的空穴扩散电流 $J_{diff,h}(-x_n)$ 来说也是同理。如果施加反向偏置，和正向偏置时相比，势垒会变高。

在这一节中，主要说明了 PN 结二极管的电流电压特性。正向偏置时，PN 积会明显比 n_i^2 大。因此电子和空穴会复合。在小注入状态下，可以观察到复合电流，而在中注入以及大注入状态下，扩散电流占据支配地位（扩散和复合导致少数载流子变为多数载流子的现象）。

而另一方面，处于反向偏置时，PN 积会明显比 n_i^2 小，电子以及空穴会在之后产生（形成），会有产生电流的流动。耗尽层边缘部分的少数载流子会比热平衡时的数值要少，有微小的扩散电流流动。

[第 3 章总结]

（1）PN 结二极管是 2 终端器件，电流在其中只会朝着一

个方向流动，因此具有将交流电变为直流电的整流作用。

（2）2 终端接地后，PN 结二极管中出现耗尽层，电离形成的 As$^+$以及 B$^-$之间产生从 As$^+$指向 B$^-$的电场。换句话说，产生了内部电场，并且由于这一内部电场形成的漂移电流会和扩散电流相互抵消，而不存在净电流。

（3）如果要画出 2 终端接地之后 PN 结二极管的能带图，首先画耗尽层的边缘，接下来水平地画出 E_F。画出两个中性区的 E_i、E_C 和 E_v，最后画出耗尽层的 E_C 和 E_v。

（4）在画施加偏置情况下的能带图时，和 2 终端接地的情况不同的是，空间电荷区的宽度以及偏置施加之后 E_F 的位置。

（5）空间电荷区中，施加电压 V 时，PN 积可以表达为 $n_i^2 \exp\left[\dfrac{qV}{kT}\right]$。正向偏置下 PN$\gg n_i^2$，引起电子和空穴的复合。而反向偏置时 PN$\ll n_i^2$，引起电子和空穴的产生。

（6）施加正向偏置后 PN 结的势垒下降，随着电压的增大，空间电荷区边缘附近的少数载流子会指数性增加。

（7）正向偏置的电流电压特性可以用 $I \propto \exp\left[qV/(mkT)\right]$ 来表达。小注入状态下 $m=2$，复合电流占主导地位；中注入状态下 $m=1$，扩散电流占主导地位；大注入状态下 m 在 2 之上，会受到电阻的影响并且扩散电流占据主导地位。

（8）施加反向偏置的情况下，PN 结的势垒会变高，只有非常少量的电流流动。

▶▶ 习题

[习题 3.1]　请说明 PN 结二极管的整流作用。

[习题 3.2]　请计算在掺杂浓度为 $10^{15}\,\text{cm}^{-3}$ 的 As 的半导体中的 E_F 以及 E_i 之间的能量差，并画出能带图。此时的温度假定为 300K。

[习题 3.3]　请计算在掺杂浓度为 $10^{17}\,\text{cm}^{-3}$ 的 B 的半导体中的 E_F 以及 E_i 之间的能量差，并画出能带图。此时的温度假

定为 300K。

［习题 3.4］　请画出图 3.20 中的 PN 结二极管，在施加电压 V_a = 0V 时的能带图。表 3.1 为（a）~（c）的 3 种情况的掺杂浓度。首先求出内部电动势 ϕ_{bi}。接下来由区域 1 的耗尽层宽度（表 3.1）来求出区域 2 的耗尽层宽度，并在结构图中画出耗尽层。最后画出其能带图，并请标记 E_F 以及 E_i。假定此时的温度为 300K。

图 3.20　PN 结二极管的结构

表 3.1　掺杂浓度以及区域 1 的耗尽层宽度（V_a = 0V）

	区域 1	区域 2	区域 1 的耗尽层宽度/μm
（a）	As：$10^{15}\,cm^{-3}$	B：$10^{17}\,cm^{-3}$	0.96
（b）	As：$10^{15}\,cm^{-3}$	B：$10^{15}\,cm^{-3}$	0.62
（c）	B：$10^{17}\,cm^{-3}$	As：$10^{15}\,cm^{-3}$	0.01

［习题 3.5］　关于［习题 3.4］中的 3 种类型的 PN 结二极管结构，请画出其在 V_a 为 -0.2V 和 0.2V 时的能带图。从给出的区域 1 的空间电荷区的宽度（表 3.2）来求出区域 2 的空间电荷区的宽度，在结构图中画出空间电荷区。接着画出其能带图，标记 E_F 以及 E_i。此时的温度假定为 300K。

表 3.2　掺杂浓度以及区域 1 的耗尽层宽度

	区域 1	区域 2	区域 1 的空间电荷区宽度/μm	
			$V_a = -0.2V$	$V_a = 0.2V$
（a）	As：$10^{15}\,cm^{-3}$	B：$10^{17}\,cm^{-3}$	1.08	0.82
（b）	As：$10^{15}\,cm^{-3}$	B：$10^{15}\,cm^{-3}$	0.71	0.50
（c）	B：$10^{17}\,cm^{-3}$	As：$10^{15}\,cm^{-3}$	0.008	0.01

［习题 3.6］　正向偏置下的电流电压特性，可以用 $I \propto \exp[qV/(mkT)]$ 来表达。小注入状态下 $m = 2$；中注入状态下

$m=1$；大注入条件下 m 为 2 以上。请说明其理由。

［习题 3.7］ 和正向偏置时相比，反向偏置时电流电压特性与施加电压的相关性较弱。请说明其原因。

▶▶ 习题解答

［解答 3.1］ PN 结二极管只有在正向偏置时才有电流流动。因此在图 3.3（a）的整流电路上施加图 3.3（b）中的 V_{in}，只有 V_{in} 为正的时候（也就是交流信号的半波）才有电流流动。因此可以将交流电转换为直流电。

［解答 3.2］ 掺杂 $10^{15}cm^{-3}$ 的 As 的半导体，在 300K 时的 $|E_F-E_i|$，可由式（3.1）求出，为 0.3eV。能带图如图 3.21 所示。

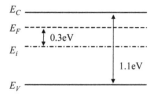

图 3.21 ［习题 3.2］的能带图

［解答 3.3］ 掺杂 $10^{17}cm^{-3}$ 的 B 的半导体，在 300K 时的 $|E_F-E_i|$ 由式（3.1），可以求出为 0.42eV。能带图如图 3.22 所示。

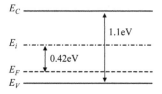

图 3.22 ［习题 3.3］的能带图

［解答 3.4］ 这里只给出（a）的解，省略（b）和（c）。

ϕ_{bi} 由［解答 3.2］和［解答 3.3］可以得出，为 0.72V（=0.3V+0.42V）。区域 2 中的耗尽层宽度由于掺杂浓度的差异，为区域 1 的耗尽层的 1/100。图 3.23 展示的是结构图和能带图[31]。

注释 31：为了展示图 3.23
的区域 2 的耗尽层宽度为区域 1
的耗尽层宽度的 1/100，写成了
0.0096μm。

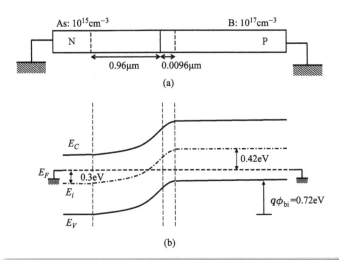

图 3.23 [解答 3.4] 的 (a) 结构图以及 (b) 能带图

[解答 3.5] 这里只展示 (a) 中的 V_a 以 -0.2V 施加时的解。省略其他情况。

区域 2 的空间电荷区的宽度由于掺杂浓度差异的缘故，为区域 1 中的电荷空间区的宽度的 1/100。图 3.24 中展示的是结构图以及能带图。

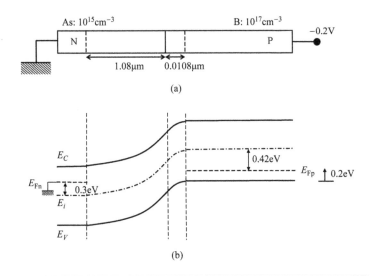

图 3.24 [解答 3.5] 的 (a) 结构图以及 (b) 能带图

［解答 3.6］　小注入状态下复合电流为主要因素，且在 $n=p$ 时复合达到最大，因此 $m=2$。中注入状态下扩散电流为主要因素，$m=1$；大注入状态下为了维持电中性需要 $p=n$，并且会进一步由于电阻的影响使得 m 在 2 之上。

［解答 3.7］　反向偏置下，在 0V 附近，复合电流有着比较微弱的对于施加电压的依赖性，这是由于耗尽层延展的缘故。而扩散电流对施加电压几乎没有依赖性。这是由于施加电压 V 的影响在耗尽层的边缘部分，虽然有少数载流子随着 exp $[qV/(kT)]$ 呈指数函数递减，然而这个值和 1 相比是非常小的，几乎可以忽略。

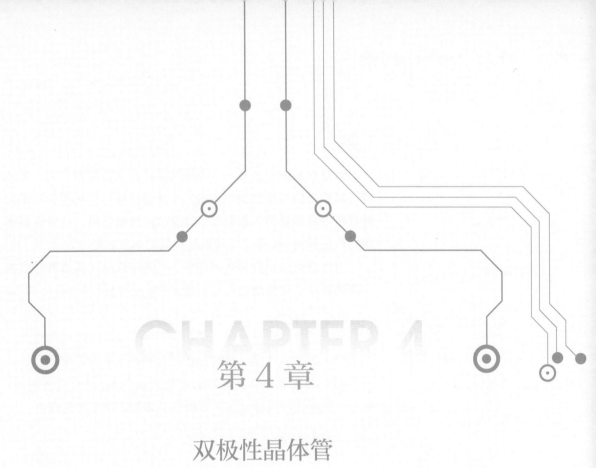

第 4 章

双极性晶体管

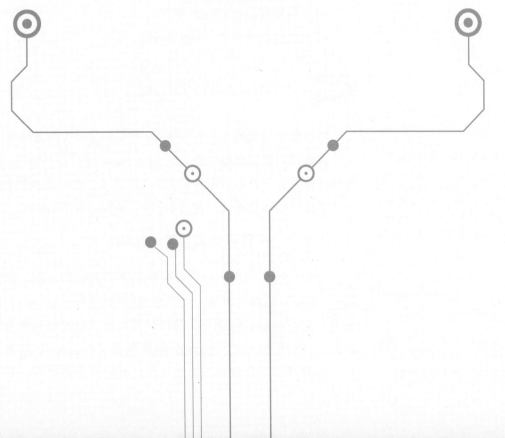

[目标]

双极性晶体管是有三个终端的器件，主要作为开关，另外也可以作为信号增幅器件使用。本章的目标是，从能带图来理解双极性晶体管的工作原理，以及电流增幅效果。双极性晶体管可以理解为 PN 结二极管的这一发明的自然延伸。

另外也可以学到其高频特性，尤其是双极性晶体管可以在多高的频率下作为增幅器件正常工作。

[提前学习]

（1）阅读 4.1 节，能够画出双极性晶体管的能带图。

（2）阅读 4.2 节，理解电流放大系数 h_{FE} 以及信号增益。此外，能够说明高频状态下双极性晶体管无法工作的理由。

[这一章的项目]

（1）双极性晶体管的能带图。
（2）电流放大倍数与截止频率。

4.1 双极性晶体管的能带图

第 3 章中说明的 2 个终端的 PN 结二极管具有整流作用。

在此说明**双极性晶体管**（bi-polar transistor）[1]这一器件。双极性晶体管有了 3 个终端并起到开关的效果，此外还能放大信号。双极性晶体管可以认为是 PN 结二极管的自然延伸。

▶▶ 4.1.1 双极性晶体管的结构

图 4.1（a）中展示的是双极性晶体管的结构，在 P 型的**基极**（base）区域（基区）之上有被称为**发射极**（emitter）的区域，为高浓度的 N 型区[2]，从此处释放出的电子会朝着基区扩散开，并由基区之下的 N 型的**集电极**（collector）收集起来[3]。要能作为双极性晶体管来工作，有两点非常重要。其一

注释 1：由带负电的电子以及带正电的空穴两种载流子同时工作来驱动，因此被称为双极性（bi-polar）。而 MOS 晶体管由电子或者空穴的二者之一来驱动工作，因此被称为单极性（uni-polar）。

注释 2：发射区中 N$^+$ 的"+"指的是浓度比较高。

注释 3：其分别具有放出电子和收集电子的作用，因此这两者分别被称为发射极和集电极。

是集电极的存在，其二是基区宽度 W_B 非常狭窄[4]。因为在这种情况下，发射极向基极注入的电子，会由于基区的狭窄而几乎不进行复合，并在基区中扩散开，最后由集电极收集起来。

注释 4：和基极区域中作为少数载流子的电子的扩散长度 L_e 比起来，W_B 非常狭窄（即 $W_B \ll L_e$）。

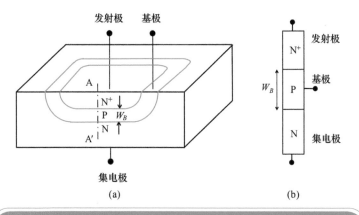

(a)　　　　　　　　(b)

图 4.1　（a）双极性晶体管的结构以及（b）A-A′横截面的一维结构

为了简化，使用了图 4.1（b）中的一维结构的双极性晶体管来说明。这个结构对应的是图 4.1（a）中发射极中央的 A-A′切面的结构。

首先使用能带图来考虑一下双极性二极管的工作原理。

▶▶ 4.1.2　能带图

图 4.2 是 3 个终端全部接地时，双极性晶体管的能带图。可以理解为 PN 结二极管的 P 型一侧连接上了 N 型的集电极时，得到的能带图。由于处于热平衡状态，电流几乎不流动，E_F 是水平的。基区中的电子密度处于热平衡值，记作 n_{B0}。

图 4.3 是施加偏置之后的双极性晶体管及其能带图[5]。发射极此时接地，并在发射极与基极之间的电压 V_{BE} 之上施加了正向偏置。发射极和基极之间的势垒会因此降低，电子会从发射极向基极中注入。$n_B(0)$ 是基极的发射极一侧的电子密度。而另一方面，基极与集电极之间施加了反向偏置（且 $V_{CE} > V_{BE}$）。基区中的电子会被集电极吸走。基区的集电极一侧的电子密度 $n_B(W_B)$ 可以和反向偏置下的 PN 结二极管的情形一样，

注释 5：为了方便看清能带图，这里省略了 E_i。

近似为 0。

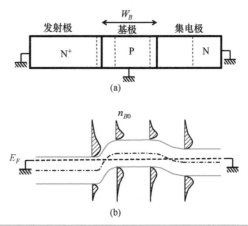

图 4.2　(a) 双极性晶体管接地的情况以及 (b) 能带图

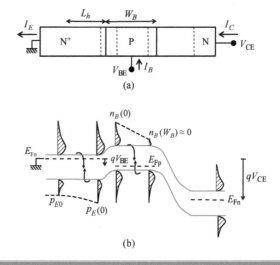

图 4.3　(a) 双极性晶体管在施加偏置时的情况以及 (b) 能带图

　　基区的电子是少数载流子，本应和空穴发生复合而消失。只是 W_B 非常狭窄，而且基极与集电极之间施加了反向偏置的关系，电子会通过狭窄的基区，并被集电极收集起来。基区中的电子密度也会因为 W_B 非常狭窄的缘故，从 $n_B(0)$ 向 0 线性减小。

　　集电极电流 I_C 为基区中由于电子浓度梯度形成的扩散电流。和 PN 结的正向偏置的情形相同，V_{BE} 越大 $n_B(0)$ 越大，I_C 也越大。

之前曾提到过，双极性晶体管和 PN 结二极管的区别是，是否存在集电极以及基区宽度 W_B。图 4.4 是基区宽度 W_B 比电子的扩散长度 L_e 长 2 倍以上时的能带图[6]。这个器件到底能不能作为双极性晶体管工作呢？从发射极发出，并向基区注入的电子的数量在 L_e 的距离上变为热平衡值 n_{B0}，而另一方面被集电极吸走的电子的数量也会在基区的 L_e 回到热平衡值。也就是说，从发射极注入的密度为 $n_B(0)$ 的电子的数量在基区中回到了热平衡值。因此即使改变 V_{BE}，I_C 也不会随之产生变化，此时无法作为双极性晶体管来工作。对于双极性晶体管来说，集电极的存在很重要，W_B 要保持狭窄这一点同样重要。

注释 6：基区的掺杂浓度为 $10^{18} \mathrm{cm}^{-3}$ 时，基区中电子的扩散长度 L_e 为 19μm。

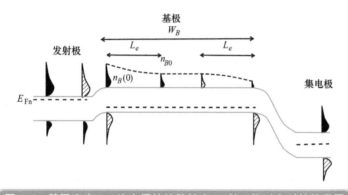

图 4.4　基区宽度 W_B 比电子的扩散长度 L_e 长 2 倍以上时的能带图

图 4.5 是 NPN 以及 PNP 双极性晶体管的符号。对 PNP 双极性晶体管来说，发射极为 P 型，基极为 N 型，集电极为 P 型。符号表示的是发射极电流的流向。比如 PNP 双极性晶体管，由于发射极向基极中注入的是空穴，因此这个方向就是发

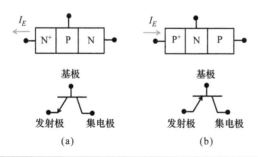

图 4.5　(a) NPN 以及 (b) PNP 双极性晶体管的符号

注释7：$W_B \ll L_e$ 的情况下，如图4.3（b）所示，基区中的电子密度分布几乎呈线性状态。这种情况下基区中的电子浓度 $\frac{dn}{dx}$ 几乎为固定的，基区中的电子电流在发射极一端和集电极一端相等。也就是说，W_B 非常狭窄的情况下，基区中的电子的复合几乎可以忽略不计。而 $W_B \ll L_e$ 不成立的情况下，电子在基区中的复合则不可以忽略。

注释8：发射极的掺杂浓度假设为 $10^{20} cm^{-3}$，发射极中的空穴的扩散长度 L_h 为 0.4μm。

注释9：瓶颈指的是受限的意思。

4.2 电流放大倍数与截止频率

在此说明关于双极性晶体管的电流的放大效果，并简单说明放大效果的频率依赖性。

▶▶ 4.2.1 电流放大倍数

首先说明电流的放大倍数。

如图4.6所示，从发射极向基极注入的电子的大部分（99%）被集电极收集起来[7]。此外基区中的空穴中非常少的一部分在基区中与电子发生复合，大部分空穴会被注入发射极，形成扩散电流，并和发射极中的电子复合[8]。I_C 会受到基区中作为少数载流子的电子扩散的瓶颈限制，而 I_B 主要是受发射极中空穴扩散的瓶颈[9]影响。双极性晶体管就如之前所述，是靠少数载流子来工作的。

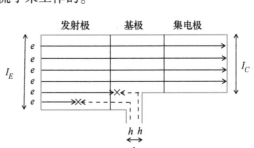

图4.6 电子与空穴的流动模式图，×表示的是复合

发射极电流 I_E 为集电极电流 I_C 与基极电流 I_B 之和。

$$I_E = I_C + I_B \qquad (4.1)$$

假设 I_E 的99%为 I_C，剩下的1%则是 I_B。这种情况下 I_C 与 I_B 的比值为99。这个比值被称为**共发射极**（common emitter）的**电流放大倍数**（current amplification factor）h_{FE}，定义为下面的式子。

$$h_{\mathrm{FE}} \equiv \frac{I_C}{I_B} \qquad\qquad (4.2)$$

图 4.7（a）是共发射极的电流放大电路[10]。发射极接地，向基极输入信号 V_{in}。如图 4.7（b）所示，I_B 会产生变化，并如图 4.7（c）所示，I_C 也会随之变化。双极性晶体管的特性是将 I_B 的变化量 ΔI_B 乘以 h_{fe}（大约 100）倍进行放大，进而变换为 ΔI_C 的变化[11]。这里 h_{fe} 为**小信号**（small signal）的电流放大倍数。通过调整负载电阻 R_L 的大小，放大后的 ΔI_C 可以从输出电压 v_{out}（$= \Delta I_C R_L$）提取出来[12]。

注释 10：共发射极之外也有共基极（基极接地）以及共集电极（集电极接地）等方式。虽然各有特长，但是可以获得大电流的共发射极电路被广泛使用。

注释 11：指的是小振幅的交流信号，并非直流的电流放大倍数 h_{FE}。这里使用小信号的电流放大倍数 h_{fe}（请参考【附录 9】）。

注释 12：如果提供大振幅的输入信号，并使得基区发射区之间的接合（发射结）从正向偏置改为反向偏置后（反之亦然），双极性晶体管可以作为开关来工作。

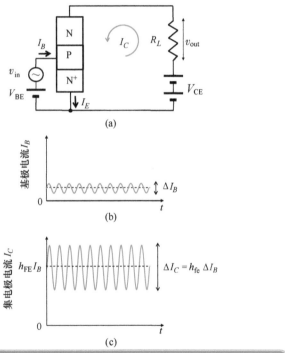

图 4.7　（a）共发射极的电流放大电路、（b）I_B，以及（c）I_C

▶▶ 4.2.2　电流放大倍数的导出

下面导出关于电流放大倍数 h_{FE} 的公式。

图 4.8 中展示的是集电极电流 I_C、基极电流 I_B 与发射结之间电压 V_{BE} 的依赖性。I_B 和 PN 结二极管的正向特性一致。小注入状态下为复合电流（$m = 2$）主导，中注入状态下为扩

散电流（$m=1$）主导，大注入状态下展现出受到电阻以及式（3.16）体现的 P＝N 的影响。只是 I_C 不是小注入状态下的复合电流，而是中注入以及大注入状态下的扩散电流。此外 I_C 会比 I_B 在更小的 V_{BE} 下达到大注入状态，m 会变得更大。这是由于电子从发射区进入基区，虽然空穴从基区注入发射区，只是基区的掺杂浓度比起发射区的掺杂浓度要低，在注入的电子影响下，变为大注入状态而导致的。

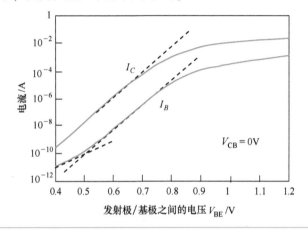

图 4.8 集电极以及基极电流对于发射极/基极之间的电压 V_{BE} 的依赖性

下面求解中注入状态下的 h_{FE}。I_C 是基区中的电子的密度梯度导致的扩散电流，用下面的式子来表示（参考图 4.3（b））：

$$I_C = qD_e \frac{n_B(0)}{W_B} A \qquad (4.3)$$

这里，$n_B(0)$ 和中注入状态下的 PN 结二极管的式（3.15）相同，可以写作：

$$n_B(0) = \frac{n_i^2 e^{\frac{qV_{BE}}{kT}}}{N_B} \qquad (4.4)$$

这里 N_B 为掺杂浓度。I_B 作为发射极中的空穴的扩散电流，可以用下面的式子来表示。

$$I_B \approx qD_h \frac{p_E(0) - p_{E0}}{L_h} A \qquad (4.5)$$

这里 $P_E(0)$ 为向发射极中注入的空穴密度。P_{E0} 为发射极中的空穴密度的热平衡值。此外由于是中注入状态，I_B 的复合电流可以忽略。$P_E(0)$ 可以用下面的式子来表示，其中 N_E 表示发射极的掺杂浓度。

$$p_E(0) = \frac{n_i^2 e^{\frac{qV_{BE}}{kT}}}{N_E} \qquad (4.6)$$

因此 h_{FE} 为：

$$h_{FE} \approx \frac{D_e}{D_h} \frac{n_B(0)}{p_E(0)} \frac{L_h}{W_B} \qquad (4.7)$$

$$= \frac{D_e}{D_h} \frac{N_E}{N_B} \frac{L_h}{W_B}$$

式（4.7）中 $P_E(0)$ 被忽略。为了让 h_{FE} 能够变大，N_B 的浓度要低，同时 W_B 应该更狭窄，这样可以使得 I_C 增大；让 N_E 浓度较高，使得 I_B 尽可能小[13]。

图 4.9 是典型的双极性二极管的杂质分布。发射极中有着超过 10^{20}cm^{-3} 的高掺杂浓度。而另一方面，集电极中的浓度小于 10^{17}cm^{-3}。这是为了提高集电结对于反向偏置的耐压性。值得一提的是，掺杂浓度超过 10^{17}cm^{-3} 后，带隙变窄以及少数载流子迁移率等重掺杂效应就会显现出来。关于这些内容，会在【附录 10】中叙述。

注释 13：基区浓度 N_B 如果下降到过低时，会受到基极电阻等影响。此外会发生基极两侧的空间电荷区连起来的现象（击穿）。

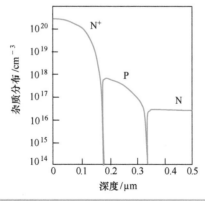

图 4.9　A-A'横截面上的双极性晶体管的杂质分布

▶▶ 4.2.3　截止频率

在此说明**截止频率**（cutoff frequency），这是一个表明双极性晶体管可以在多高的频率下工作的概念，用 f_T 表示。

这里使用图 4.7 来说明共发射极放大电路。输入信号的频率越来越高时，I_C 就有点跟不上了。也就是说，双极性晶体管在高频状态下工作的时候，频率的数值是有上限的。这里将截止频率 f_T 定义为小信号电流放大倍数 $|h_{\text{fe}}|$ 为 1 时的频率[14]。

图 4.10 中展示的是截止频率 f_T 对于 I_C 的依赖性。随着 I_C 的增大，f_T 也会增大。f_T 在达到峰值之后，随着 I_C 的增大，f_T 会下降。这里说明其成因。首先 f_T 可以用下面的式子来表示。

$$f_T = \frac{1}{2\pi\tau_{EC}} \tag{4.8}$$

这里 τ_{EC} 为响应的延迟时间，可以表达为：

$$\tau_{EC} = \tau_E + \tau_B + \tau_x + \tau_C \tag{4.9}$$

其中 τ_E 为**发射极充电时间**（发射结耗尽层充电时间）（emitter charging time），τ_B 为**基区渡越时间**（base transit time）[15]，τ_x 为集电结耗尽层渡越时间，τ_C 为集电极充电时间（集电结电容充电时间）。对于主要因素 τ_E 与 τ_B，进行下面的说明。

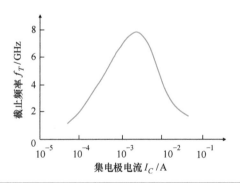

图 4.10　截止频率对集电极电流的依赖性

使用电流 I 充电达到电荷 Q 所需要的时间 τ，如图 4.11 所示，需要：

図 4.11　使用电流 I 充电达到电荷 Q 所需要的时间 τ 的说明图

$$\tau = \frac{Q}{I} \tag{4.10}$$

Q 越小 I 越大，可以更快地充满，表现为时间 τ 越短。

τ_E 指的是向发射结电容 C_{jE}[16] 中以 I_E 的电流将发射极电荷 Q_E 冲入的时间[17]。

$$\tau_E = \frac{Q_E}{I_E} \tag{4.11}$$

如上面的式子所示，I_E 越大，充电也就越快。τ_E 也就越小。图 4.10 中的 f_T-I_C 特性中，在 I_C 较小的区域中 τ_E 占主导地位，随着 I_C 的增大，晶体管可以高速工作，f_T 也会相应变高[18]。

τ_B 是基区电荷使用 I_E 进行充电时所需要的时间。由于 I_E 和 I_C 几乎相等，因此 τ_B 可以用下面的式子来表示。

$$\tau_B = \frac{Q_B}{I_C} \tag{4.12}$$

这里 Q_B 为图 4.3（b）中所示的基区中的电子电荷，可以写为：

$$Q_B = -q\frac{1}{2}n_B(0)W_B A \tag{4.13}$$

使用式（4.3）的 I_C，这里 τ_B 可以变形为：

$$\tau_B = \frac{W_B^2}{2D_e} \tag{4.14}$$

也就是 τ_B 受 W_B 影响。W_B 越宽，需要充入的电荷 Q_B 就越多，而 I_C 就越小。因此，工作速度会变慢，f_T 低下。

如图 4.10 所示的 f_T-I_C 特性中，在 I_C 较大的区域内，f_T 低下的原因是 τ_B。大注入状态下基区中的电子从集电极中漫出

注释 16：指的是发射极、基极之间的结电容大小。

注释 17：换种说法，τ_E 为通过发射极电阻 r_E 对电容 C_{jE} 进行充电的时间。也就是 $\tau_E = r_E \cdot C_{jE}$。这里 $r_E = \partial V_{BE}/\partial I_E \approx (\partial I_C/\partial V_{BE})^{-1} = kT/(qI_C)$。也就是 $\tau_E = kT/q \cdot C_{jE}/I_C$。随着 I_C 的增大，τ_E 会减小，晶体管可以高速工作。

注释 18：I_E 和 I_C 数值几乎一样（典型的情况是 $I_C = 0.99I_E$）。

注释 19：空穴从基极分布到集电极的现象被称为基区展宽效应，也称为基区外扩（base push out）。

来，为了达成电中性条件，空穴也会扩到集电极中[19]。也就是说有效 W_B 会变宽，f_T 会变低。

这一章中，围绕双极性晶体管的放大效果进行了说明。双极性晶体管的工作原理以 PN 结二极管的工作原理为拓展，使用能带图可以直观地进行理解。基区的宽度 W_B 足够狭窄，以及集电极的存在这两点使得双极性晶体管能够工作。

[第 4 章总结]

（1）双极性晶体管可以将信号放大。

（2）双极性晶体管的特征是基区的宽度 W_B 比较小而显得狭窄。此外有着集电极的存在。

从发射极注入基区中的电子的大部分不会在狭窄的基区中复合，而是通过后被集电极收集起来。

（3）电流的放大倍数 h_{FE} 是 I_C/I_B 的比值。典型的数值为 100 左右。

（4）为了让 h_{FE} 变大，基区的浓度 N_B 要尽可能低，此外 W_B 要更狭窄，使得 I_C 增大。与此同时，应该让发射极浓度 N_E 尽可能高，从而尽可能减小 I_B。

（5）频率超过一定值之后，双极性晶体管就无法工作了。这个一定的频率被称为截止频率 f_T。为了让 f_T 尽可能高，让 W_B 变小，而使其狭窄化比较有效。

▶▶ 习题

[习题 4.1]　如图 4.12 所示的共发射极的双极性晶体管的结构中，发射极中掺杂的杂质为 $10^{18} \, \mathrm{cm}^{-3}$ 的 As，基区中掺杂 $10^{17} \, \mathrm{cm}^{-3}$ 的 B，集电极中掺杂 $10^{15} \, \mathrm{cm}^{-3}$ 的 As。请分别画出下面两种偏置条件下的能带图。先在结构图中画出空间电荷区的宽度，再画能带图。假设此时的温度为 300K。

（a）基极和集电极同时接地（$V_{BE} = V_{CE} = 0\mathrm{V}$）。此外基区中的耗尽层宽度在发射极与基极的接合一侧附近（发射结侧）为 100nm，靠近集电极与基极的接合一侧（集电结侧）

为 10nm。

（b）$V_{BE} = 0.2V$，$V_{CE} = 0.5V$。此外基区中的空间电荷区的宽度，在发射结侧为 90nm，集电结侧为 11nm。

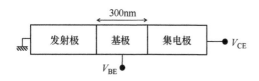

300nm

| 发射极 | 基极 | 集电极 | V_{CE} |

V_{BE}

图 4.12　共发射极的双极性晶体管的结构

［习题 4.2］　如图 4.12 所示的共发射极的双极性晶体管的结构中，发射极中掺杂的杂质为 $10^{18}\,cm^{-3}$ 的 B，基区中掺杂 $10^{17}cm^{-3}$ 的 As，集电极中掺杂 $10^{15}cm^{-3}$ 的 As。请分别画出下面两种偏置条件下的能带图。假设此时的温度为 300K。

（a）基极和集电极同时接地（$V_{BE} = V_{CE} = 0V$）。此外基区中的耗尽层宽度在发射结侧为 100nm，集电结侧为 10nm。

（b）$V_{BE} = -0.2V$，$V_{CE} = -0.5V$。此外基区中的空间电荷区的宽度，在发射结侧为 90nm，集电结侧为 11nm。

［习题 4.3］　请求出［习题 4.1］中所展示的共发射极双极性晶体管的基区渡越时间 τ_B，并从 τ_B 求出截止频率 f_τ。假定扩散系数 D_e 为 20cm²/s。

▶▶ **习题解答**

［解答 4.1］

（a）空间电荷区的宽度在发射区的宽度为基区中耗尽层宽度的 100nm 的 1/10，即 10nm。在集电区一侧表现为，基区中的耗尽层宽度 10nm 的 100 倍，即 1μm。图 4.13 中展示的是结构图以及能带图。

（b）图 4.14 中展示的是结构图以及能带图。这里省略 E_i。

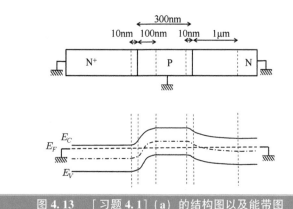

图 4.13　［习题 4.1］（a）的结构图以及能带图

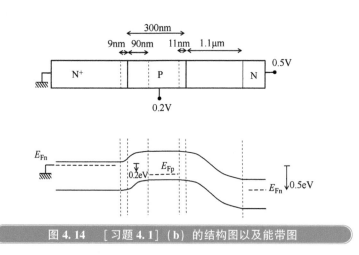

图 4.14　［习题 4.1］（b）的结构图以及能带图

［解答 4.2］

（a）图 4.15 中展示的是能带图。为 PNP 双极性晶体管的能带图。这里省略 E_i。

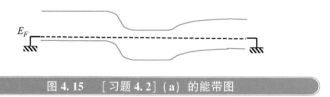

图 4.15　［习题 4.2］（a）的能带图

（b）图 4.16 中展示的是能带图。这里省略 E_i。

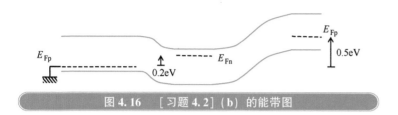

图 4.16　[习题 4.2]（b）的能带图

［解答 4.3］　τ_B 可以使用式（4.14）给出。因为 W_B 为 300nm，D_e 为 20 cm²/s，τ_B 为 22.5ps。根据式（4.8）可得 f_τ 为 $1/(2\pi\tau_B)$，大小为 7.08GHz。

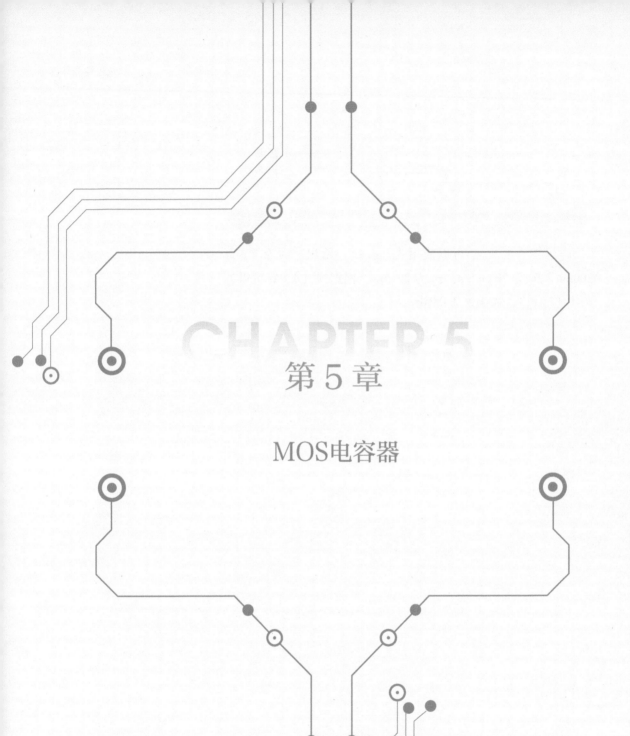

第 5 章

MOS电容器

[目标]

本章将学习 MOS 电容器,这对于理解第 6 章的 MOS 晶体管的工作原理非常关键。MOS 电容器的栅极电压和容量特性之间有 $C\text{-}V$ 特性,使用这一特性可以知道其 4 个工作区(积累、平带、耗尽、反型),然后通过使用能带图来理解 $C\text{-}V$ 特性的变化、特征。最后学习 $C\text{-}V$ 特性的频率依赖性。

[提前学习]

(1) 阅读 5.1 节,能够使用 4 个工作区(积累、平带、耗尽、反型)来说明 MOS 电容器的 $C\text{-}V$ 特性。

(2) 阅读 5.2 节,能够画出 4 个工作区的能带图。

(3) 阅读 5.3 节,理解高频率下反型区中电容变低的原因,并能够进行说明。

[这一章的项目]

(1) MOS 电容器的 $C\text{-}V$ 特性。

(2) MOS 结构的能带图。

(3) $C\text{-}V$ 特性的频率依赖性。

5.1 MOS 电容器的 $C\text{-}V$ 特性

在此学习电容器件之一的 MOS 电容器。理解 MOS 电容器这一器件,对于下一章 MOS 晶体管的学习会有帮助。

▶▶ 5.1.1 电容的说明

MOS 晶体管的结构如图 5.1 所示。通常集成电路中所使用的 MOS 晶体管,其构造是 P 衬底上有氧化膜(SiO_2),在其之上有作为栅极的 N 型**多晶**(polycrystal)Si^1。氧化膜充当绝缘膜的作用,因此栅极与 P 衬底之间,直流电是无法流动的[2]。MOS 电容器是栅极电极以及 P 衬底之间保持电气绝缘的**电容**

注释 1:SiO_2 上面的单晶 Si 由于不会生长,而形成多晶 Si。

注释 2:交流电是可以流通的。准确来说是如图 5.3 所示的那样的,交流信号施加在栅极之后,会传导至 P 衬底。栅极电压变化量为 ΔVG,P 衬底上就有相应的负电荷 ΔQ 受到吸引而形成。也就是说,栅极的交流信号会被传导到 P 衬底上。

（capacitance）器件。

图 5.1 MOS 晶体管的结构

如图 5.2 所示，栅极与 P 衬底之间的电容 C 和栅极电压变化量 ΔV_G，以及栅极电压变化量 ΔV_G 对应的 P 衬底的电荷变化量 ΔQ 三者之间有如下关系[3]。

注释 3：式 (5.1) 的负号是为了让 C 的值可以为正。栅极上施加的正电压发生 ΔV_G 的增量变化时，P 衬底上会有 ΔQ 的负电荷受到吸引而形成，其中式 (5.1) 中的 C 为正。

$$C \equiv -\frac{\Delta Q}{\Delta V_G} \qquad (5.1)$$

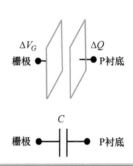

图 5.2 栅极与 P 衬底之间的电容 C

因此，电容 C 可以通过以下方法求出。如图 5.3 所示，直流偏置电压 V_G 之上叠加交流小信号 ΔV_G 后，只需通过观测电荷的变化量 ΔQ，即可求出电容 C。

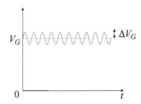

图 5.3 为了测定电容大小时施加的交流小信号

▶▶ 5.1.2 MOS 电容器的电容

图 5.4 中展示的是 P 衬底上 MOS 电容器的 C-V 特性（单位面积下）。

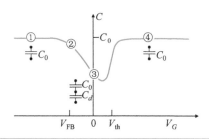

图 5.4 C-V 特性

MOS 电容器的电容大小 C 会根据栅极电压而变化，有从①到④过程的变化特性。在栅极电压 V_G 非常低的情况下（①的状态），电容 C 就是氧化膜的电容 C_0[4]。V_{FB} 被称为**平带**（flat band）电压（②的状态），如果将 V_G 提高到 V_{FB} 之上，电容 C 就会变小（③的状态）。然而施加的 V_G 如果超过**阈值电压**[5]（threshold voltage）V_{th}，电容 C 就会急剧增大，最终几乎回到 C_0（④的状态）。

这一 C-V 特性分为 4 个区域，这里使用图 5.5 来说明。其中的要点是哪个部分的电荷会对于 V_G 的电压变化 ΔV_G 做出反应。在图 5.5（a）所示的区域，对应的是①的区域范围，此时 V_G 比 V_{FB} 更低，氧化膜/P 衬底界面中聚集了空穴[6]。这被称为**积累**（accumulation）状态，这个电压的范围被称为积累区[7]。

注释 4：单位面积相当的电容 C_0 为 ε_{ox}/t_{ox}。在这里 ε_{ox} 为氧化膜的电容率，t_{ox} 为氧化膜厚度。

注释 5：V_{th} 的详细内容请参见【附录 11】。

注释 6：栅极/氧化膜界面上聚集了电子。

注释 7：$V_G \leq V_{FB}$ 时栅极以及 P 衬底之间没有耗尽层。

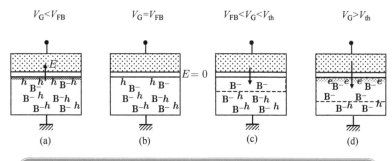

图 5.5 （a）积累区、（b）平带、（c）耗尽区、（d）反型区

由于空穴是多数载流子的缘故，ΔV_G 氧化膜/P 衬底界面的空穴电荷会伴随 ΔV_G 而变化，使得 C 表现为 C_0。此时 MOS 电容器的电场强度 E 会如图 5.5（a）中的箭头所示的那样，从 P 衬底指向栅极电极。

图 5.5（c）中所示，存在 $V_{FB} < V_G < V_{th}$ 的关系，被称为**耗尽**（depletion）区。由于 V_G 的作用，氧化膜和 P 衬底的界面上会形成耗尽层。此时的 C 值为 C_0 与耗尽层的电容串联形成的电容值。耗尽层的宽度会由于栅极电压 V_G 的变化而变化。也就是说，会响应栅极电压变化 ΔV_G 的是耗尽层的边缘部分。C 为 C_0 和 C_d 的串联值，因此比 C_0 更小。此时的电场 E 从栅极出发指向耗尽层中电离的 B⁻。

图 5.5（d）中所示的④，存在 $V_G > V_{th}$ 关系的区域为**反型**（inversion）区。由于 V_G 的正电压作用，氧化膜和 P 衬底界面上的电子被诱起。由于电子被诱起出现在了 P 型的衬底上，因此被称为反转，这一电子被诱起的层被称为**反型层**（inversion layer）。此时反型层中的电子将发生变化，以对应 ΔV_G 的变化（低频的情况将在 5.3 节中叙述），此时 C 为 C_0。E 是由栅极指向 P 衬底的。顺便一提，如图 5.5（b）所示②的 $V_G = V_{FB}$ 的情况下 C 会比 C_0 更小[8]。

注释 8：$V_G = V_{FB}$ 时，P 衬底以及栅极中处于电中性状态。电场线并不存在，E 为 0。然而这时 C 会比 C 要小，其理由是 V_G 从 V_{GB} 起发生 ΔV_G 的变化时，由于无法遮蔽，栅极发出的电场线 P 衬底一侧会呈耗尽化，因此 C 会比 C_0 更小。特别是 P 衬底的掺杂浓度比较低时，这一现象会比较显著。

注释 9：氧化膜的 E_g 为 9eV，Si 的 E_g 为 1.1eV，其实以图 5.6 为代表，本章中出现的能带图中的纵轴标注都并不正确。

5.2 MOS 结构的能带图

在此使用能带图对前一节的内容进行说明。

▶▶5.2.1 能带图（接地）

首先画出 $V_G = 0V$ 时的能带图。和 PN 结相比其他的基本相同，有一点非常不同的是，这里存在氧化膜。图 5.6 中展示的是 N 型的栅极、氧化膜以及 P 衬底接合之前的能带图[9]。氧化膜的能带图 E_g 为 9eV，氧化膜和 Si 的 E_c 有 3.1eV 的差距，而价带也有 4.8eV 的差异。

图 5.7 中展示的是接合后的能带图。由于氧化膜的存在导

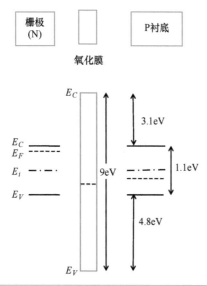

图 5.6　接合前的能带图

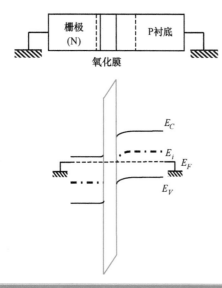

图 5.7　接合后的能带图

致电动势下降，Si 的耗尽层上施加的电压会比 PN 结的情况要小。除此之外，和 PN 结的情况基本相同。能带图的画法总结为以下几点。

①画出耗尽层的宽度。此时，注意掺杂浓度较低一侧的

耗尽层宽度要画宽一些。

② 水平画出栅极以及 P 衬底的 E_F。

③ 画出栅极的中性区的 E_i，接着画出 E_C 以及 E_V。

④ 同理，画出 P 衬底的中性区的 E_i、E_C 以及 E_V。

⑤ 画出耗尽层的 Si 的 E_C 以及 E_V。以氧化膜为边界画出向下凸以及向上凸的二次函数。

⑥ 画出氧化膜的能带图。氧化膜中的能带呈直线而倾斜。斜率比起 Si 表面的能带的斜率，为 3 倍左右。关于这一点的理由，图 5.8 可以说明。

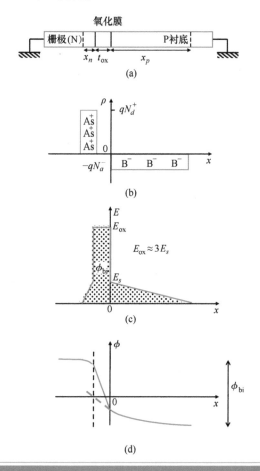

图 5.8　（a）MOS 电容器的结构，（b）电荷密度 ρ，（c）电场强度 E，（d）电动势 ϕ

接下来说明关于电荷密度 ρ、电场强度 E 以及电动势 ϕ。图 5.8（a）中展示的是 MOS 电容器的结构。这里 t_{ox} 为氧化膜（SiO_2）的膜厚度，图 5-8（b）为电荷密度 ρ。这里的氧化膜假定为不存在电荷的理想型的氧化膜，图 5-8（c）为电场强度 E，栅极的从 As^+ 出发的电场线并不会以氧化膜为终点（因为其中没有电荷），而是以 P 衬底中电离得到的 B^- 为终点。因此氧化膜中的电场线的根数（面密度），也就是电场强度会是一定的。此外氧化膜的电容率为 Si 的电容率的 1/3 左右，E 是 Q/ε，氧化膜的电场强度由于其材质和 Si 不同，进而导致电容率不同，以至于其大小为 Si 表面电场强度的 3 倍。图中阴影部分的电场强度的面积（$\int E dx$）为内部电动势 ϕ_{bi}。图 5-8（d）是电动势分布，值得注意的要点有两个。其一，氧化膜中的电动势变化为线性变化。这是由于氧化膜中不存在电荷，电场线不以这里为终点的缘故。其二，氧化膜中的电动势的斜率（$d\phi/dx$）。电动势的斜率对应的是电场强度，氧化膜中的电动势的斜率为氧化膜/P 衬底表面的 3 倍左右。电动势的形状上下颠倒之后，对应能带图中的形状。

▶▶ 5.2.2　能带图（施加栅极电压的情况）

接下来考虑一下施加栅极电压时的能带图。

图 5.9 中展示的是反映 C-V 特性的 4 个区域的能带图。如

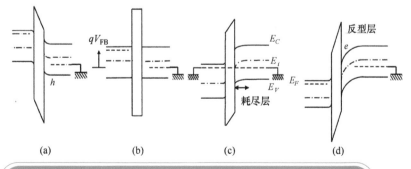

图 5.9　能带图（a）积累区，（b）平带，
（c）耗尽区，（d）反型区

图 5.9（c）所示中有 $V_G = 0V$。栅极上施加负电压的情况如图 5.9（b）所示，存在 $V_G = V_{EB}$ 的关系，Si 以及氧化膜区的能带会变为平的，不会产生电场。这也是其名称平带的由来。图 5.9（a）中的积累区（$V_G < V_{EB}$）下，氧化膜/P 衬底界面的能带会有轻微上卷，空穴会根据界面电动势而呈指数函数式形成。而在图 5.9（d）的反型区中（$V_{th} < V_G$），氧化膜/P 衬底界面的能带会向下弯，电子会随着界面的电动势而呈指数函数式形成。

图 5.10 中展示的是反型区的电荷分布。对应正的栅极电荷 Q_G 的负电荷为耗尽层中的电荷 Q_b，以及反型层中的电子电荷 Q_n。栅极电压变化部分 ΔV_G 为低频的情况下，即使再提高 V_G 耗尽层，也不会延展，而是保持一定。此时，V_G 的升高所导致的栅极电荷增量 ΔQ_G 体现在了电子的电荷增量 ΔQ_n 上（详细内容会在 5.3 节中叙述）。

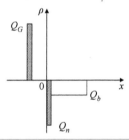

图 5.10　反型区中的电荷分布

5.3 C-V 特性的频率依赖性

图 5.11 是 C-V 特性的频率依赖性。在高频的情况下，反

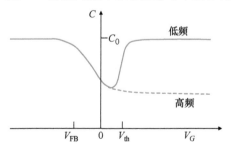

图 5.11　C-V 特性的频率依赖性

转区中的 C 比 C_0 更小。接下来将说明这一频率依赖性。

▶▶ 5.3.1　低频下的 *C-V* 特性

首先说明关于低频下的 *C-V* 特性。如图 5.12（a）所示，V_G 上加上 ΔV_G 的变化量后，耗尽层会延展。然后如图 5.12（b）所示，耗尽层中会有电子和空穴的产生，空穴由耗尽层向衬底一侧移动，并如图 5.12（c）所示，将图 5.12（a）中延展出来的耗尽层部分填上。也就是说，空穴会回到 B^- 变成中性（$h+B^-\rightarrow B$）。另一方面，电子会移动到氧化膜/P 衬底界面，

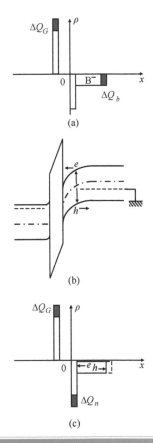

图 5.12　低频下的反型层中的电子的响应情况。（a）响应 ΔV_G 变化的耗尽层中的电荷 ΔQ_b，（b）电子以及空穴的产生，（c）响应 ΔV_G 变化的电子电荷 ΔQ_n

增加反型层中的电荷 Q_n。也就是说，低频时氧化膜/P 衬底界面的 ΔQ_n 会响应 ΔV_G，C 就是氧化膜的电容 C_0。

▶▶5.3.2　高频下的 *C-V* 特性

接下来说明高频下 C 比 C_0 小的原因。耗尽层中的电子和空穴的产生是需要时间的，因此在高频下，对于图 5.3 的交流小信号的变化来说，电子和空穴的产生（以及复合）会显得"力不从心"，无法及时跟上其变化。在这种情况下，由 ΔQ_b 来响应 ΔQ_n。因此 C 会比 C_0 更小。此外像 MOS 晶体管一样有源极以及漏极的话，电子可以由源极和漏极来提供，这样即使是处于高频状态下，电容大小 C 也会保持为氧化膜电容 C_0 的大小[10]。

注释10：即使有源极和漏极的存在，如果沟道非常长，那么供给电子也需要时间。因此在高频下很难跟上栅极的小信号的变化（参考 [习题5.7]）。

本章学习了 MOS 电容器的 *C-V* 特性。使用能带图说明了 4 个工作区（积累、平带、耗尽、反型）下的电容。理解本章中的 MOS 电容器的应该会对下一章中的 MOS 晶体管的学习有所帮助。

[第 5 章总结]

（1）MOS 电容器的 *C-V* 特性可以用 4 个工作区（积累、平带、耗尽、反转）来分别说明。

（2）MOS 电容器的能带图可以以 PN 结二极管的能带图为基础修改画出。具体来说，要在 N 区以及 P 区中插入氧化膜的结构部分。

（3）频率越高，反转区的电容就会越低。这是由于电子和空穴的产生与复合跟不上其变化导致的。此时，耗尽层的边缘部分会代替反型层中的电子来响应变化。

▶▶ 习题

[习题 5.1]　请简述 MOS 电容器以及 PN 结二极管的区别。

[习题 5.2]　图 5.13 中的 MOS 电容器的结构中，栅极掺杂了浓度为 $10^{18}\,\mathrm{cm}^{-3}$ 的 As，衬底中使用浓度为 $10^{17}\,\mathrm{cm}^{-3}$ 的 B 进

行掺杂[11]。

注释 11：现实中的栅极中，
掺杂浓度应该大于 $10^{20} cm^{-3}$。

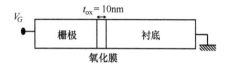

$$t_{ox} = 10nm$$

V_G 栅极 | 衬底

氧化膜

图 5.13　MOS 电容器的结构

请画出 $V_G = 0V$ 时的能带图。

假设衬底的耗尽层宽度为 80nm。首先求出栅极的耗尽层宽度，在结构图中画出耗尽层的宽度，接着画出能带图。假设此时的温度为 300K。

［习题 5.3］　求出［习题 5.2］的 MOS 电容器的 V_{FB} 大小。

［习题 5.4］　关于［习题 5.2］中的 MOS 电容器，请分别按照下面的偏置条件在结构图中画出耗尽层的宽度，并画出能带图。假定此时的 $V_{th} = 0.5V$，温度为 300K。

［习题 5.5］　对于［习题 5.2］中的 MOS 电容器，如果氧化膜厚度 t_{ox} 从 10nm 变为 20nm 时，$V_G = 0V$ 下的栅极以及衬底的耗尽层会变宽还是变窄？

［习题 5.6］　对于给定 N 型栅极以及 P 型衬底的掺杂浓度 (N_d^+, N_a^-) 以及氧化膜厚度 t_{ox} MOS 电容器，请推导出施加 V_G 时的栅极以及 P 衬底之间的耗尽层宽度 (x_n, x_p) 的表达式。假设此时耗尽层中存在 $(V_{FB} < V_G < V_{th})$ 的关系。可以参考【附录 7】中的 PN 结的耗尽层宽度以及图 5.8（c）中的内容。

［习题 5.7］　MOS 晶体管中，虽然存在源极以及漏极，然而当沟道长度 L 非常长的情况下，电子的供给也会有延迟，因此有时无法跟上施加在栅极上的高频小信号的变化。请概算 $L = 100\mu m$ 的情况下能够响应的频率上限[12]，并估算电子的供给所需要的时间 τ，将其换算成对应的频率 $f(f = 1/2(2\pi\tau))$。这里电子的速度以迁移率 μ 来表示，数值为 $100 cm^2/(Vs)$，电场强度使用 V/L 来计算，假设此时电压为 0.1V。

注释 12：如果想要准确的数值，运行一次仿真就可以获得。只是在这里，掌握估算出其数值的方法在当下是非常有价值的。

▶▶ 习题解答

[解答5.1] MOS 电容器以及 PN 结二极管的结构上的不同，主要在于有没有可以作为绝缘膜的氧化膜。而且对于 MOS 电容器来说，栅极与 P 衬底之间的直流电无法流动，不存在整流作用。

[解答5.2] 对于栅极的耗尽层宽度来说，由于其掺杂浓度和 P 衬底中的不同，耗尽层宽度为 P 衬底中的耗尽层宽度的 1/10，为 8nm。图 5.14 中展示的是结构图以及能带图。

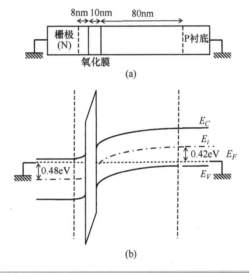

图 5.14 ［习题 5.2］ 的 (a) 结构图以及 (b) 能带图

[解答5.3] V_{FB} 为 -0.9V(=-(0.48+0.42))。

[解答5.4] 略。

[解答5.5] t_{ox} 从 10nm 增厚到 20nm 时，氧化膜中的电动势下降会加剧，栅极以及 P 衬底之间的耗尽层会变窄。

[解答5.6] MOS 电容器以及 PN 结二极管之间巨大的差异为氧化膜的存在与否，在氧化膜上下降的电动势记作 V_{ox}，可以根据图 5.8 (c) 来得到下面的式子：

$$V_{ox} - V_{FB} = \frac{1}{2} E_{Si}(x_n + x_p) + E_{ox} t_{ox} \tag{5.2}$$

这里 V_{FB} 符号为负。

与【附录 7】相似，N 型的栅极耗尽层中的正电荷 $qN_d^+x_n$ 以及 P 衬底中的负电荷 $-qN_a^-x_p$ 大小相等，而处于平衡状态。这里将电荷假定为 Q_b，有：

$$Q_b = qN_d^+x_n = qN_a^-x_p \tag{5.3}$$

此外，氧化膜/P 衬底界面上的电场强度 E_s 为：

$$E_s = \frac{Q_b}{\varepsilon_{Si}} \tag{5.4}$$

其中 ε_{Si} 为 S_i 的电容率。而氧化膜中的电场强度 E_{ox} 为：

$$E_{ox} = \frac{Q_b}{\varepsilon_{ox}} \tag{5.5}$$

这里 E_{ox} 为氧化膜的电容率。

根据式（5.2）~式（5.5），可以得到关于 x_p 的式子：

$$x_p^2 + bx_p + c = 0 \tag{5.6}$$

其中，b 和 c 可以表达为：

$$b = \frac{2\varepsilon_{Si}t_{ox}}{\varepsilon_{ox}} \frac{N_d^+}{N_d^+ + N_a^-} \tag{5.7}$$

$$c = -\frac{2\varepsilon_{Si}}{q} \frac{N_d^+}{N_a^-(N_d^+ + N_a^-)}(V_{ox} - V_{FB}) \tag{5.8}$$

因此 x_p 可以表达为下面的式子，对于 x_n 来说也是同理（也可以由式（5.3）求出）：

$$x_p = \frac{-b + \sqrt{b^2 - 4c}}{2} \tag{5.9}$$

$t_{ox} = 0$（也就是 $b = 0$），得到的就是 PN 结二极管的耗尽层的宽度。将 $V_{ox} - V_{FB}$ 置换为 $\phi_{bi} - V$ 后，可以从 $x_p = \sqrt{-c}$ 来求得。

[解答 5.7]　以速度 v 自源极以及漏极运动到沟道中央，也就是距离为 $L/2$ 处位置时，所需要的时间 τ 可以表述为 $(L/2)/v$[13]。速度 v 为 μE，电场强度 E 为 V/L。因此有：

$$\tau = \frac{L^2}{2\mu V} \tag{5.10}$$

τ 为 5μs。因此由 $f = 1/(2\pi\tau)$ 可得，频率为 32kHz。

注释 13：关于 τ，之后会另行说明。如果将 Q 记作单位长度下的电荷，需要充入的电荷量 Q_{charge} 就是 $QL/2$。电流 I 则是 Qv（之后在 6.2.2 节中会出现）。因此 $Q_{charge}/I = (L/2)/v$。这与 MOS 晶体管的工作频率上限也有关。

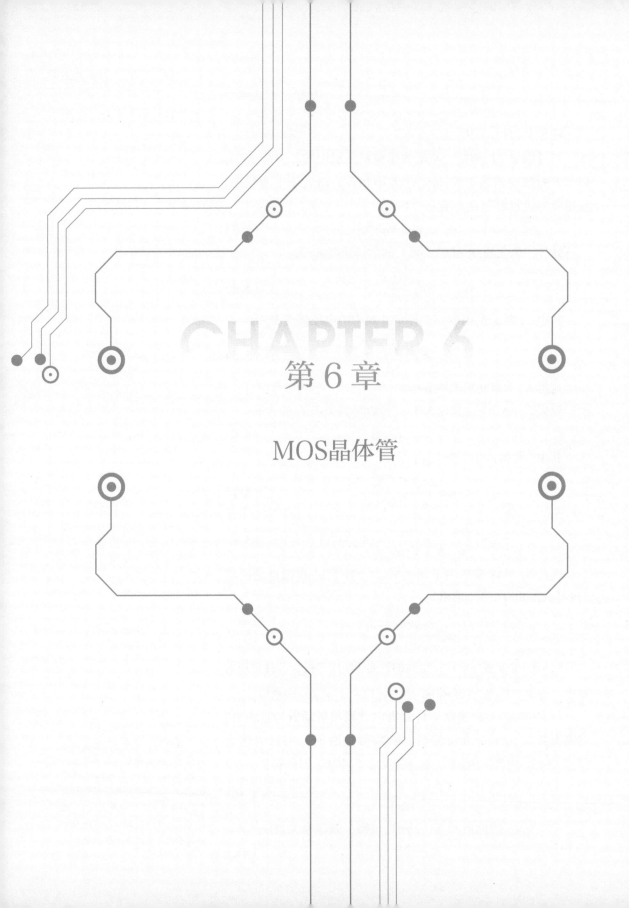

第 6 章

MOS晶体管

[目标]

使用到目前为止学过的所有知识（PN 结二极管、双极性晶体管、MOS 电容器）来理解 MOS 晶体管。首先用能带图来理解 MOS 晶体管的工作原理。其次，使用简单的式子来学习 MOS 晶体管的电流电压特性。进一步学习关于以空穴为主要载流子的 PMOS。

最后，理解最基本的电路——反相器的工作原理。

[提前学习]

（1）阅读 6.1 节，理解 MOS 晶体管的工作原理。

（2）阅读 6.2 节，能够说明为什么漏极电流 I_D 在漏极电压 V_D 较低的时候和 V_D 成比例，而随着 V_D 增加到一定程度后，其大小会成为恒定值而不再增加（饱和）。

（3）阅读 6.3 节，理解以空穴为载流子的 PMOS 这一器件。

（4）阅读 6.4 节，能解释反相器的工作原理。

[这一章的项目]

（1）MOS 晶体管的工作原理。

（2）电流电压特性。

（3）NMOS 与 PMOS。

（4）反相器。

6.1　MOS 晶体管的工作原理

首先对于 MOS 晶体管的工作方式，从电子的电动势分布[1]以及电子的流动的角度进行理解。

注释 1：这和其能带图有关。

▶▶ 6.1.1　MOS 晶体管构造

图 6.1 是 MOS 晶体管的横截面展开图，P 型衬底上面有氧化膜（SiO_2），在其上有被称为栅极的电极，其材料为 N 型多晶

Si。而 P 衬底上形成有 N^+ 的源极以及漏极。之前在 1.3 节中简单说明过,栅极加上了正电压 V_G 之后,Si 的表面 N 型的源极以及 P 衬底之间的势垒将变低,由于栅极的关系,在源极以及漏极之间可以形成电子的沟道。另外耗尽层会在源极和 P 衬底之间,漏极和 P 衬底之间,以及沟道的下方形成。在漏极上施加正电压 V_D 之后,会由于电场的作用所导致的漂移形成漏极电流 I_D。随着 V_G 的升高,势垒会进一步下降,I_D 也会越来越大。

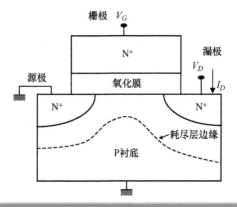

图 6.1　MOS 晶体管的横截面展开图

▶▶ 6.1.2　电动势分布与电子流动

图 6.2 展示的是三维化后的 Si 部分的电子的电动势分布。

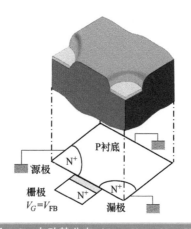

图 6.2　电动势分布（$V_G = V_{FB}$,$V_D = 0V$）

这是以 V_D 为 0V，而在 V_G 上施加 V_{FB} 大小的电压时的情况（源极以及衬底的电动势为 0V）。我们可以结合 PN 结能带以及 MOS 电容器的能带的知识，来考虑这一对于电子来说的电动势分布。源极/P 衬底以及漏极/P 衬底应该与接地时的 PN 结的能带图保持一致。栅极/氧化膜/P 衬底的能带图，就是处于平带时 MOS 电容器的能带图。这里有一点非常重要，Si 表面的源极/P 衬底之间存在势垒，是没有电流流动的。

图 6.3 中展示的是改变各个终端的电压时的电动势分布。图 6.3（a）中，V_G 上施加 3V，V_D 上施加 0.1V 的电压。P 衬底的能带图会因此弯曲，在 Si 表面和源极之间的势垒会降低。此时会形成反型层（沟道），电流可以流动[2]。而在图 6.3（b）中，V_G 保持为 3V，将 V_D 也增大到 3V 时，漏极近旁，电子会由于受到电场的作用而被加速，就像瀑布一样高速朝向漏极做漂移运动。

注释 2：MOS 晶体管也被称为 MOS 场效应晶体管或 MOSFET（Field-Effect Transistor）。靠栅极形成的电场的效应，来改变 Si 表面的源极与 P 衬底之间的势垒大小，以进一步控制电流。

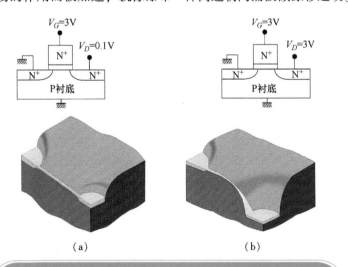

图 6.3 电动势分布以及电子的流动。（a）于 V_G 上施加 3V，V_D 上施加 0.1V 时，形成沟道使得电流得以流动。（b）V_D 上施加 3V 电压时，电子在漏极近旁像瀑布一样流动

6.2 电流电压特性

下面说明 MOS 晶体管的 I_D-V_G 特性以及 I_D-V_D 特性。

注释3：由于类似于真空管，线性区有时也被称为三极管区，饱和区也被称为五极管区。

▶▶ 6.2.1 线性区以及饱和区[3]

图 6.4 描述的是漏极上施加正电压时的 I_D-V_G 特性。V_G 上施加正电压时会有 I_D 流动。阈值电压 V_{th} 是指形成反型层后，I_D 刚开始流动时所需要的 V_G。在 V_{th} 之上继续增加 V_G 电压，漏极电流会继续增大。也就是说，V_G 在 V_{th} 以下时，不会有电流流动，而在 V_{th} 之上时，才会有电流流动，因此这里展现出其作为开关的性质。

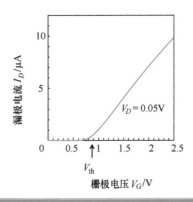

图 6.4　I_D-V_G 特性

图 6.5 展示的是 V_G 作为参数时的 I_D-V_D 特性。V_D 在比较小的时候，I_D 会和 V_D 成比例线性增加，这被称为**线性区**（linear region）。然而如果继续增加 V_D，I_D 不一会儿就会饱和了，这之后的区域被称为**饱和区**（saturation region）。处于线性区以

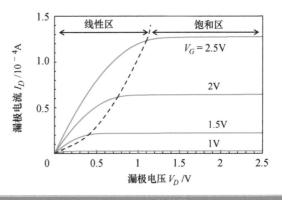

图 6.5　I_D-V_D 特性

及饱和区的边界（图 6.5 中的虚线）的 V_D 是和 V_G 有关的。如果 V_G 比较大，那么相应的达到饱和 V_D 也会比较大。

V_D 比较低的情况下，如图 6.6 所示，沟道会均匀地形成。V_D 增大时，沟道的横向方向上的电场强度会变大，电子的速度也会变大。I_D 和 V_D 成比例增大[4]。而 V_D 比较大时，如图 6.7 所示，漏极附近的电动势会变大，电子的密度也减小。栅极控制的沟道会关闭，这个过程也被称为**夹断**（pinch-off）[5]。电子密度虽然减小了，但是会从夹断点向漏极扩散开，并像瀑布一样落下去[6]。即使进一步增大电压，V_D 也会被消耗在夹断点和漏极之间，而在沟道侧向的电场强度却不会因此增大。所以 I_D 也就饱和了（详细内容会在 6.2.4 节叙述）。

注释 4：沟道表现为带有电阻。V_G 会改变这种电阻大小。

注释 5：沟道边缘的夹断点处，电子密度并不会是 0。如果用瀑布的例子来说明，如图 6.3（b）展示的那样，瀑布口的水量不是 0，其实从河流到瀑布口以及瀑布盆地的流量是一定的。而这里的从源极向漏极的 I_D 也是一定的，符合上面例子的解释。

注释 6：因为电子从夹断点到漏极高速移动，这里 I_D 大小并没有受到限制。成为电子流动的瓶颈（bottleneck）是沟道。

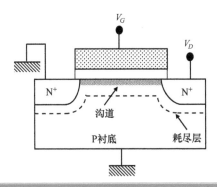

图 6.6　线性区下的沟道

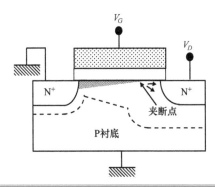

图 6.7　饱和区下的沟道

▶▶ 6.2.2　电流电压特性的简单公式

这里为了能更好地理解电流电压特性，使用简单公式来进行说明。

电流是单位时间内通过横截面的电荷量。从源极到漏极，因为沟道的电子在被电场加速后，因漂移而流动，起到限制 I_D 作用的是沟道。如图 6.8 所示，从沟道的源极一侧的电荷 Q_S，以及载流子速度 v_S 可得 I_D 为：

$$I_D = Q_S v_S \tag{6.1}$$

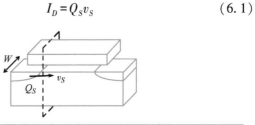

图 6.8　沟道的源极一侧的电荷 Q_S，以及载流子速度 v_S

Q_S 是单位长度中分布的电荷，可以用下面的式子来表示：

$$Q_S = WC_0(V_G - V_{th}) \tag{6.2}$$

这里 W 是沟道的宽度，C_0 是单位面积的氧化膜电容大小[7]。这里使用图 6.9 的 $C\text{-}V$ 特性来说明 Q_S。V_G 处于 V_{th} 之上时会反转，电子由源极供给，形成沟道。图 6.9 中的实线表示的是对于 V_G，沟道中的电子所对应的电容大小。图中阴影的矩形部分面积表示沟道的电容 WC_0 在栅极电压从 V_{th} 上升至 V_G 的过程中所积累的电荷 Q_S[8]。也就是说，Q_S 可以用式（6.2）来表示。

注释7：WC_0 是沟道的长度方向的单位长度下的氧化膜电容。

注释8：这里 V_{th} 附近的 $C\text{-}V$ 特性被近似为矩形。

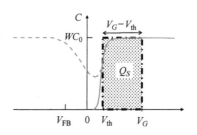

图 6.9　沟道的源极一侧的电荷 Q_S

处于线性区与饱和区边界的漏极电压被记为 V_{Dsat}。维持 V_G 不变而增大 V_D 后，如图 6.10 所示，V_D 变为 V_{Dsat}，而且比 V_G 就低了 V_{th} 的数值大小。此时栅极与漏极的电动势差为 V_{th}。也就是：

$$V_G - V_{\text{Dsat}} = V_{\text{th}} \tag{6.3}$$

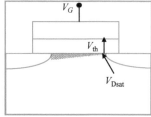

图 6.10 V_{Dsat} 的说明

如果将漏极电压增大至 V_{Dsat} 之上，漏极侧的反型层就会消失（夹断）。因此 V_{Dsat} 为线性区以及饱和区的分界，可以用下面的式子来表示[9]。

$$V_{\text{Dsat}} = V_G - V_{\text{th}} \tag{6.4}$$

（1）线性区。

首先求出线性区（$V_D < V_{\text{Dsat}}$）的 I_D 的。沟道的源极的漂移速度 v_S 使用迁移率 μ 来表示，可以用下面的式子[10]。

$$v_S = \mu E_S \tag{6.5}$$
$$= \mu V_D / L$$

如果考虑到源极一侧的电场强度 E_S 为沟道长度 L 上施加 V_D 形成的，那么其数值应为 V_D/L。因此 I_D 可以根据式（6.2）的 Q_S 以及式（6.5）的 v_S 得到。

$$I_D = W C_0 (V_G - V_{\text{th}}) \mu V_D / L \tag{6.6}$$

I_D 随 V_D 线性增大[11]。

（2）饱和区。

接下来导出在饱和区（$V_D \geqslant V_{\text{Dsat}}$）的电流 I_{Dsat} 的式子。首先沟道的电场强度非常弱，载流子的速度 v_S 会比饱和速度 v_{sat} 更低（$v = \mu E$）。这在沟道长度比较长的 MOS 晶体管中成立。v_S 可以使用迁移率 μ 来表示并写成下面这个式子。

注释9：让我们虚拟地站在漏极一端看一下。在反型层消失瞬间的 V_D 为 V_{Dsat}。处于 V_{Dsat} 时，往栅极看去，V_G 看上去只有 V_{th} 这么高。也就是说 $V_G = V_{\text{Dsat}} + V_{\text{th}}$。因此有 $V_{\text{Dsat}} = V_G - V_{\text{th}}$。

注释10：真实情况是 E 是负数。然而为了方便理解，这里将其标记为正。另外为了简化 μ 在这里使用固定值。

注释11：V_D 的影响被考虑在内时的关于 I_D 的式子会在 6.2.3 节中说明。更精密的 E_S 的公式以式（6.17）来呈现。

$$v_S = \mu V_{\text{Dsat}}/L \qquad\qquad (6.7)$$
$$= \mu(V_G - V_{\text{th}})/L$$

Q_S 与式子（6.2）中相比并没有变化。因此使用 $v = \mu E$ 来表示载流子速度时，饱和区的 I_{Dsat} 可以写作：

$$I_{\text{Dsat}} = WC_0(V_G - V_{\text{th}})^2\mu/L \qquad\qquad (6.8)$$

I_{Dsat} 并不取决于 V_D。也就是说，即使 V_D 增大，I_{Dsat} 也不会增大（即饱和）。这里 I_{Dsat} 会随着 $(V_G - V_{\text{th}})$ 的二次方成比例增大，这是由于 Q_S 以及 v_S 都与 $(V_G - V_{\text{th}})$ 成比例的缘故。

由于微缩而导致沟道的电场强度变强，v_S 到达饱和速度 v_{sat} 的情况下（$v = v_{\text{sat}}$），I_{Dsat} 可以以下面的式子给出。

$$I_{\text{Dsat}} = WC_0(V_G - V_{\text{th}})v_{\text{sat}} \qquad\qquad (6.9)$$

这种情况下，I_{Dsat} 会随 $(V_G - V_{\text{th}})$ 线性增大，而非 $(V_G - V_{\text{th}})$ 的二次方。其实现现实情况中，沟道较短的 MOS 晶体管的饱和区 I_{Dsat} 会处于 $(V_G - V_{\text{th}})$ 的一次方与二次方之间[12]。

▶▶ 6.2.3 考虑漏极电压 V_D 情况下的漏极电流 I_D 的式子

在前一节中 I_D 的式子并没有细致考虑漏极电压 V_D 的影响。接下来考虑一下 V_D 的影响。

图 6.11（a）为沟道电压 V_{ch} 的说明图，图 6.11（b）是 Q 使用 V_{th} 来表示的曲线[13]。V_{ch} 的基准是沟道的源极一侧，此时 V_{ch} 为 0V。而另一方面，沟道的漏极一侧的 V_{ch} 为 V_D。就像图 6.11（a）展示的那样，栅极氧化膜上施加的电压为 $V_G - V_{\text{ch}}$，Q 可以用下面的式子来表示（参考图 6.9）。

$$Q = WC_0(V_G - V_{\text{ch}} - V_{\text{th}}) \qquad\qquad (6.10)$$

沟道的源极一侧，栅极氧化膜上施加的电压为 V_G。而漏极一侧的氧化膜上施加的电压为 $V_G - V_D$，比起源极一侧更低。因此如图 6.11（b）所示，漏极的电荷 Q_D 会比 Q_S 少得多[14]。

在线性区（$V_D < V_{\text{Dsat}}$）中，Q_D 会如下面的式子所示。

$$Q_D = WC_0(V_G - V_D - V_{\text{th}}) \qquad\qquad (6.11)$$

注释 12：半导体技术人员中，总会有一些将"饱和区的 I_D 与 $(V_G - V_{\text{th}})$ 的二次方成正比增加"背下来的人。其实重要的是其本质，也就是理解关于"$I_D = Q_S v_S$"成立时，Q_S 以及 v_S 会在微缩过程中怎样变化。仅仅靠记住一些结论的技术人员恐怕只会让自己的路越走越窄。

注释 13：V_D 较低的情况下，V_{ch} 会与自源极的距离 x 成正比。然而 V_D 越是高，V_{ch} 就越不和 x 成比例（参考图 6.11（b））。

注释 14：I_D 饱和时 $V_D = V_{\text{Dsat}}$（$= V_G - V_{\text{th}}$），漏极一侧的电荷 Q_D 几乎为 0。

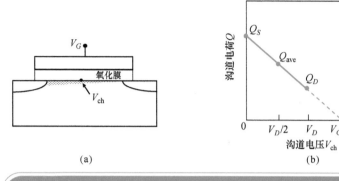

(a)   (b)

I_D 可以用沟道的平均电荷 Q_{ave} 与平均载流子速度 v_{ave} 的乘积表示[15]。

$$I_D = Q_{ave} v_{ave}$$

$$= \frac{Q_S + Q_D}{2} v_{ave} \qquad (6.12)$$

注释 15：Q_{ave} 和 v_{ave} 是处于沟道电压 V_{ch} 数值为 $V_D/2$ 位置的电荷量以及载流子速度。

所以有：

$$I_D = W C_0 \left(V_G - V_{th} - \frac{V_D}{2} \right) \mu \frac{V_D}{L} \qquad (6.13)$$

和这个式子相比，对于之前没有考虑到 V_D 的式（6.6）来说，其将 I_D 过大化了。正确的 I_D 式子应该是式（6.13）。接下来考虑一下其理由。

图 6.12 说明的是沟道内的电荷 Q 以及速度 v。沟道的电流用管子中流动的水来类比。管的横截面大小对应电荷 Q 的大小。比如源极的电流为 $Q_S v_S$。在受到 V_D 的影响下，沟道内

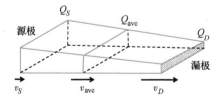

的 Q 并非均匀分布，Q_D 会比 Q_S 小得多（请参考图 6.11（b））。而另一方面 I_D 在沟道的任意一处都相等（Qv 是一定的）。因此，沟道内的速度 v 并不是一样的。漏极端的 V_D 会为了补偿减少的 Q 的那一部分而比在源极端的 v_S 更快。由于 $(v=\mu E)$，式（6.6）中速度 v 使用的是平均值 $v_{ave}(=\mu V_D/L)$，I_D 并非使用 $Q_S v_S$，而是 $Q_S v_{ave}$ 来求得的。正是因此，求出的 I_D 会相对真实值来说偏大。而式子（6.13）中的 $Q_{ave} v_{ave}$ 才是正确的。

饱和区（$V_D \geqslant V_{Dsat}$）中 Q_D 几乎为 0。因此在关于 I_D 的式子（6.12）中带入 $Q_D \approx 0$，可以得到下面的式子（在 $v_{ave} < v_{sat}$ 的情况下）[16]。

$$I_{Dsat} = W C_0 \frac{(V_G - V_{th})^2}{2} \frac{\mu}{L} \qquad (6.14)$$

I_{Dsat} 与式（6.8）相比，考虑到了 V_D 的影响而变为最初数值的一半。

▶▶6.2.4 漏极电流 I_D 饱和的理由

考虑一下为什么漏极电流 I_D 会饱和。

图 6.13（a）是沟道的能带的模式图。图 6.13（b）展示的是沟道中，处于导带下侧的 E_C 与到源极距离 x 的依赖性。其中展示的是 V_D 从 0.5V 变化到 3.5V 的部分。（V_G=3V）。V_D 为 0.5V 的线性区中，E_C 朝着漏极方向几乎是呈直线下降的，此时电子靠漂移流动。然而 V_D 增大时 E_C 就不再是直线了，比起源极一侧靠近漏极的 E_C 的倾斜率（电场强度）更大。也就是说，V_D 的大部分消耗在了沟道的漏极一侧，在沟道的源极一侧将不会再被分压了[17]。进一步提高 V_D 时，沟道的源极一侧的电场强度 E_S 也不会变化了。所谓 I_D 饱和也就是 E_S 的饱和，速度 v_S 变为定值[18]。也就是从沟道的源极侧供给的电子数量变为恒定，使得 I_D 饱和。而 V_D 超过 $V_{Dsat}(=V_G-V_{th})$ 时，V_D 的增加部分会在夹断点与漏极的中间被消耗掉。

详细观察从 V_D 开始上升，直到 V_{Dsat} 位置为止这一过程。

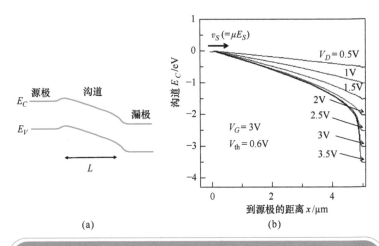

图 6.13　(a) Si 表面的沟道的能带图（模式图）以及（b）沟道中
导带的下端E_C对于V_D的依赖性

　　图 6.14 是沟道电场强度 E 使用沟道电压 V_{ch} 来表示的情况。E 呈现出从源极向漏极增大的趋势。原因也是如图 6.12 所示，电荷 Q 从源极至漏极递减的缘故。I_D 在沟道的任意位置都是一定的，载流子速度 v 则是朝着漏极方向递增的。也就是说，电场强度 E 朝着漏极方向递增。

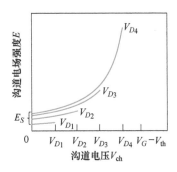

图 6.14　沟道电场强度 E 对于沟道电压 V_{ch} 的依赖性。不同曲线之间的参量为漏极电压，从 V_{D1} 到 V_{D4} 逐渐升高

　　图 6.14 中展示的是电场强度 E 对于 V_D 的依赖性。V_D 增大后，Q 越是在离漏极端侧近的位置就越小，为了补偿 v 也就是 E，其大小则会变大。随着 V_D 从 V_{D1} 向 V_{D4} 逐渐增大，漏极

一侧的 E 会急剧升高。因此 V_D 的大部分会集中在沟道的漏极一侧，这种情况下 V_D 的增大并不会传递到源极一侧。如图 6.14 展示的那样，V_D 越高，源极的电场强度 E_S 的增大会变得越来越迟缓。

下面用公式来表达沟道的电场强度 E。由 $v=\mu E$ 以及 $I_D = Qv$ 可以得到 E，并可以表达为下面的式子：

$$E=\frac{I_D}{Q_\mu} \tag{6.15}$$

I_D 可以使用式（6.13），Q 可以用式（6.10）来表达，因此 E 可以表达为下面的式子。

$$E=\frac{V_D}{L}\left[1+\frac{V_{ch}-\dfrac{V_D}{2}}{V_G-V_{th}-V_{ch}}\right] \tag{6.16}$$

图 6.14 的电场强度 E 为式（6.16）中所展示的那样。

接下来看看沟道的源极一侧的电场强度 E_S。E_S 处于源极一侧，因此式（6.16）中带入 $V_{ch}=0$ 的条件后可得：

$$E_S=\frac{V_D}{L}\left[1-\frac{V_D}{2(V_G-V_{th})}\right] \tag{6.17}$$

图 6.15 中展示的是，以式（6.17）为基础的沟道的源极一侧的电场强度 E_S 对于平均电场强度 V_D/L 中的 V_D 的依赖性。随着 V_D 的增大，虽然 E_S 会变高，但由于 $V_{Dsat}=V_G-V_{th}$，到了一定值之后就会饱和[19]。I_D 饱和，就如同之前所述，是因为 V_D 的增大无法再令 E_S 进一步增大的缘故。

注释19：E_S 饱和时的电场强度，为 V_{Dsat} 下沟道的平均电场强度 $(V_G-V_{th})/L$ 的一半。

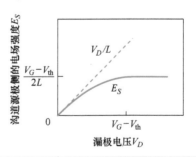

图 6.15　沟道的源极一侧的电场强度 E_S 的 V_D 相关性

这里再次使用式（6.17）中的 E_S，将 I_D 用源极一侧的电荷 Q_S 以及速度 v_S 来表示，可以写成下面的式子[20]。

$$I_D = Q_S v_S$$

$$= WC_0(V_G - V_{th})\mu \frac{V_D}{L}\left[1 - \frac{V_D}{2(V_G - V_{th})}\right] \quad (6.18)$$

图 6.15 中展示的是 V_D 在到达 V_{Dsat}（$= V_G - V_{th}$）之后，E_S 饱和，进一步导致 I_D 饱和的情况。这时式（6.18）可以记作下面的式子。

$$I_{Dsat} = WC_0(V_G - V_{th})\mu \frac{V_G - V_{th}}{2L} \quad (6.19)$$

这是式（6.14）所展示的饱和区的 I_D 公式，这解释了漏极电流 I_D 饱和的原因，即沟道的源极一侧的电场强度 E_S 饱和后，速度 v_S 达到固定值（关于饱和原因的思考方法，在【附录 12】中会有进一步的补充说明）。

▶▶ 6.2.5 亚阈值区

V_G 处于比阈值电压 V_{th} 更小的阶段时，也会有微小的电流得以流动（漏电流）。这个区域被称为**亚阈值**（subthreshold）区。假如一个器件的漏电流（$V_G = 0V$ 时的 I_D）为 10^{-9}A，而芯片内的器件数目为 10^9 个，那么就会有相当于 1A 的总漏电流对应的电能消耗。对于依靠电池来驱动的手机来说，亚阈值特性非常重要。因为将处于 OFF 状态的器件的电流保持在较低的水平这一点非常重要。在此，说明亚阈值特性。

图 6.16 中展示的是 I_D-V_G 特性。在 V_G 比 V_{th} 高的区域中，I_D 是由于载流子漂移而流动的。而在亚阈值区中的 I_D，则是因为扩散而流动的。亚阈值区中的电流会随着 V_G 的增大而呈指数函数式增大。

如图 6.17 所示，电子在氧化膜/P 衬底界面的沟道上由于扩散而流动。其工作方式与双极性晶体管是一致的。由于 V_G 的作用，源极以及沟道之间的势垒会降低，电子从源极向沟道中注入。又由于 V_D，沟道的漏极一侧中电子会被吸出，电子

注释 20：式（6.13）展示的是 I_D 可以用 Q_{ave} 和 v_{ave} 的乘积来表达。与此相比，式（6.18）所展示的是利用 Q_S 与 v_S 的乘积来表达。为了理解 I_D 的饱和的原因，使用式（6.18）即 $Q_S v_S$ 的乘积形式比较合适。

密度几乎为 0。因此会因为电子的浓度梯度的关系，扩散电流得以流动。其中 I_D 可以用式（6.20）来表示。

$$I_D = qD_e \frac{n_S}{L} W t_{inv} \qquad (6.20)$$

这里 n_S 是从源极向沟道注入的电子密度，t_{inv} 是反型层的厚度[21]。V_G 增大时，n_S 会以指数函数增大，同时 I_D 也会增大。

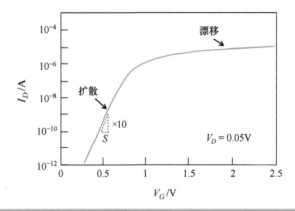

图 6.16　亚阈值特性

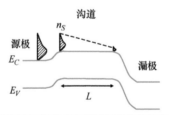

图 6.17　在 P 衬底/氧化膜界面的沟道上流动的，处于亚阈值的扩散电流

表现亚阈值特性的重要指标为 **S 因子**（S factor）。S 因子如图 6.16 所示，表示电流增大 10 倍时，所需要的栅极电压变化量[22]。栅极对沟道的控制能力越强，S 因子就会越小。如果希望 S 因子更小，就需要让栅极的氧化膜厚度 t_{ox} 更薄，这对于增强栅极对沟道的操控性来说有帮助。此外 S 因子会受到之后 7.2.1 节叙述的 "短沟道效应" 的影响。为了促使 S 因子变小，抑制短沟道效应也是非常重要的。

6.3 NMOS 与 PMOS

到目前为止论述的，由于电子形成沟道并使得电流得以流动的 MOS 晶体管为 NMOS（n-channel MOSFET）。和这个不同，有一种使用空穴来形成沟道并使得电流得以流动的 PMOS（p-channel MOSFET）。

PMOS 的掺杂种类和 NMOS 刚好相反，如图 6.18 所示，N 衬底上有着 P 型的源极以及漏极，栅极上为 P 型的多晶 Si[23]。如图 6.19 所示，在 V_G 上施加负电压后，带有正电荷的空穴会从源极朝向漏极移动（V_D 为负）。电流的方向，与靠带有负电

注释23：为了削减成本，有一种在制作 NMOS 的同时就使用多晶 Si 制造其栅极的 PMOS。这种情况下，$V_G = 0$V 附近存在 V_{FB}，而 V_{th} 过于深。为了补救，这时可以对 Si 表面使用 B 进行离子注入，形成 P 型区。这样形成的沟道被称为埋沟道或隐埋沟道。顺便一提，通常的 MOS 晶体管中的沟道是表面沟道。

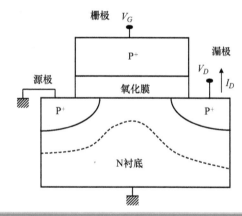

图 6.18　PMOS 的结构

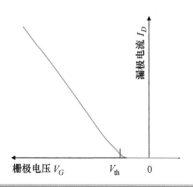

图 6.19　PMOS 的 I_D-V_G 特性

荷的电子流动的 NMOS 的情况刚好相反。之后会在 6.4 节中提到的反相器，就是由这两种 MOSFET—PMOS 以及 NMOS 组合而成的，其有着电能消耗量较少的特性。图 6.20 中展示的是 NMOS 与 PMOS 的符号。

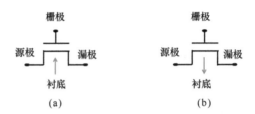

图 6.20　(a) NMOS 以及 (b) PMOS 的符号

6.4　反相器

到目前为止，所论述的都是关于器件本身的话题。接下来学习使用到这些器件的电路。这里介绍一下有着最简单的结构，也是称为众多电路的基础的反相器。

▶▶6.4.1　电阻负载型反相器

反相器的真值表如表 6.1 所示。输入为 "0" 时输出 "1"，输入为 "1" 时输出 "0"。由于其有将输入反转后输出的特性，故称其为**反相器**（inverter）。

表 6.1　反相器的真值表

输入 X	输出 Y
0	1
1	0

图 6.21 (a) 为电阻负载型反相器。其中 C_L 为**负载电容**（load capacitance）。输入信号由 NMOS 的栅极进入，输出 V_{out} 为电源电压 V_{dd} 到负载电阻 R_L 的电动势之间下降部分的电压。图 6.21 (b) 是将 NMOS 使用开关进行替换后的电路。电压较

高的状态记作 "1"，较低的状态记作 "0"。输入为 "0" 的时候 NMOS 为 OFF 状态，V_{out} 达到 V_{dd} 时得到 "1" 的状态并进行输出。输入为 "1" 的时候 NMOS 为 ON 状态，接地的源极的电动势为 0V，并将其传到 V_{out} 上，使得输出也几乎为 0V，结果为 "0"。

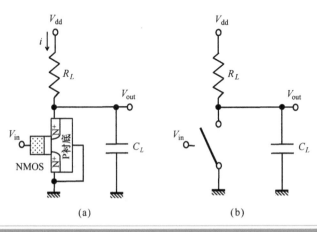

图 6.21 (a) 电阻负载型反相器，以及 (b) 使用开关替换后的电路。C_L 为负载电容

图 6.22 展示的是电阻负载型反相器的状态过渡过程。图 6.22 (a) 为输入电压 V_{in}，图 6.22 (b) 为输出电压 V_{out}，图 6.22 (c) 为电流 i。电阻负载型反相器有以下 3 个缺点。第一，NMOS 处于 ON 的状态时，V_{dd} 到接地处的直通电流可以流动，这样消耗的电能会比较多。第二，NMOS 处于 ON 的时候作为输出的 0V 并不能很好地实现 "0" 电平。这里所说的 "0" 电平的大小，是由 R_L 以及 MOS 晶体管的沟道电阻 R_{ch} 所

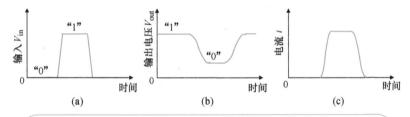

图 6.22 电阻负载型反相器的过渡特性。(a) 输入电压，(b) 输出电压，(c) 电流

产生的电阻分压 $R_{ch}/(R_L+R_{ch})$ 来决定的。第三，工作速度比较慢。由于电阻分压，为了能输出较低的 "0" 电平，必须让 R_L 非常大。这样 V_{dd} 通过 R_L 并对 C_L 进行充电的时间就要更久，工作也就比较迟缓。

下面将介绍一种克服了这些缺陷的电路。

▶▶ 6.4.2　CMOS 反相器

注释 24：complementary 也就是互补的意思。NMOS 和 PMOS 相辅相成。

CMOS（complementary MOS）反相器[24]，如图 6.23（a）所示，是将电阻负载型反相器的电阻用 PMOS 进行替换后得到的，其用途非常广泛。输入信号从 NMOS 以及 PMOS 的栅极进入。PMOS 中的源极一侧连接的是 V_{dd}。这样的连接方式使得 NMOS 或者 PMOS 中任意的一个处于 ON 的状态时，另一个总是处于 OFF 的状态，即为相互补充的工作模式，因此被称为 CMOS。通常 V_{in} 为 0V 或者 V_{dd} 的电压。

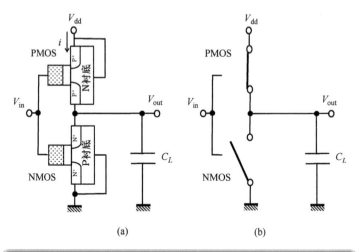

图 6.23　（a）CMOS 反相器以及（b）置换为开关后的电路

V_{in} 为 0V 时，NMOS 处于 OFF 而 PMOS 处于 ON 的状态，V_{out} 为 V_{dd}。当 V_{in} 为 V_{dd} 时，反过来 NMOS 会处于 ON 而 PMOS 会处于 OFF，此时 V_{out} 为 0V。图 6.23（b）则是 NMOS 以及 PMOS 使用开关进行替换得到的电路。输入为 "0" 时，NMOS 处于 OFF 而 PMOS 为 ON，输出 "1"。

图 6.24 中展示的是这一电路在过渡状态中的工作特性。图 6.24（a）为输入电压 V_{in}，图 6.24（b）为输出电压 V_{out}，图 6.24（c）为电流 i。从电源到接地点的直通电流只会在输入信号切换的时候流动。因此这个电路消耗的电能较少。CMOS 反相器最大的特征就是低功耗。此外，输入为 "1" 的时候，PMOS 处于 OFF 状态，"0" 电平对应的 0V 会良好地体现。之前所叙述的通过 R_L 对 C_L 进行充电的时间长短问题不再存在，因此比起电阻负载型反相器，这一电路的工作速度会更高。缺点是制造过程比较复杂，工程量比较大，因此制造成本较高。然而由于耗电较少这一点是必需的，CMOS 在超大规模集成电路中被广泛使用。

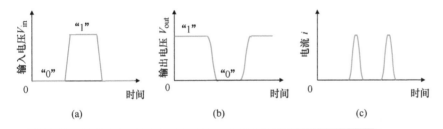

图 6.24　CMOS 反向器的过渡特性。(a) 输入电压，(b) 输出电压，(c) 电流

本章在从第 1 章到第 5 章为止的知识基础上说明了 MOS 晶体管的工作原理。对于对应能带图的图 6.3 中出现的电动势图，要在头脑中保有印象。此外提到了由 NMOS 以及 PMOS 组合而成的 CMOS 反相器的耗电非常低，对于超大规模集成电路来说是不可或缺的。

[第 6 章总结]

（1）对于 MOS 晶体管，理解线性区和饱和区是非常重要的。对于这两个区的工作特性，使用能带图可以直观地进行理解。

（2）漏极电流 I_D 的瓶颈在于沟道。可以用源极一侧的电荷 Q_S 以及载流子速度 v_S，表示线性区以及饱和区的 I_D。

（3）以空穴为载流子的是 PMOS。

（4）使用 NMOS 以及 PMOS 的 CMOS 反相器电路有着耗电量较低的好处。

▶▶ 习题

[习题 6.1]　饱和区的漏极电流 I_D 为什么会受到沟道的瓶颈影响？请说明其理由。

[习题 6.2]　请说明饱和区沟道的夹断现象。

[习题 6.3]　请说明 I_D 饱和的理由。

[习题 6.4]　作为线性区以及饱和区的电流电压特性总结，在考虑漏极电压 V_D 的情况下完成下面的表 6.2 的填写。填写的时候希望读者能意识到"$I_D = Q_S v_S$"这一本质。

表 6.2　线性区以及饱和区的式子

	线　性　区	饱　和　区	
		$v = \mu E$（长沟道）	$v = v_{sat}$（短沟道）
单位长度下的电荷 Q_S			
载流子速度 v_S			
漏极电流 I_D			

[习题 6.5]　比起电阻负载型反相器来说，CMOS 反相器中消耗的电能更少，请说明其理由。

▶▶ 习题解答

[解答 6.1]　I_D 也好，水的流动也好，会受限于流动过程中流速最慢的地方。在饱和区中，自夹断点到漏极的区域中由于电场强度很大，流动就会像瀑布一样，在这一阶段 I_D 不会受限制。真正限制 I_D 的是沟道部分。

[解答 6.2]　由于 V_D 的关系，沟道电压 V_{ch} 会自源极向漏极递增。因此，V_G 和 V_{ch} 的差会沿着漏极一侧的方向递减。V_G 和 V_{ch} 的差变为 V_{th} 的位置被称为夹断点。这里电子的密度会急

剧减小。

[解答 6.3] 饱和的原因是沟道的源极一侧的电场强度 E_S 饱和了，速度 v_S 变为匀速的缘故。

[解答 6.4] 参考表 6.3。

表 6.3 线性区以及饱和区的式子

单位长度下	线性区	饱和区	
		$v=\mu E$（长沟道）	$v=v_{sat}$（短沟道）
单位长度下的电荷 Q_S	$WC_0(V_G-V_{th})$	同左	同左
载流子速度 v_S	$\mu \dfrac{V_D}{L}\left[1-\dfrac{V_D}{2(V_G-V_{th})}\right]$	$\mu \dfrac{V_G-V_{th}}{2L}$	v_{sat}
漏极电流 I_D	$WC_0(V_G-V_{th})\cdot \mu \dfrac{V_D}{L}\left[1-\dfrac{V_D}{2(V_G-V_{th})}\right]$	$WC_0(V_G-V_{th})^2\dfrac{\mu}{2L}$	$WC_0(V_G-V_{th})v_{sat}$

[解答 6.5] 对于 CMOS 反相器的情况，从电源到接地处的直通电流只有在输入信号切换的时候会流动，因此消耗的电能比较少。

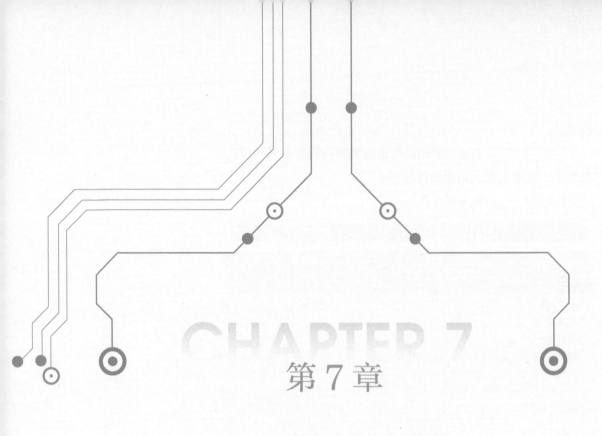

CHAPTER 7

第 7 章

超大规模集成电路器件

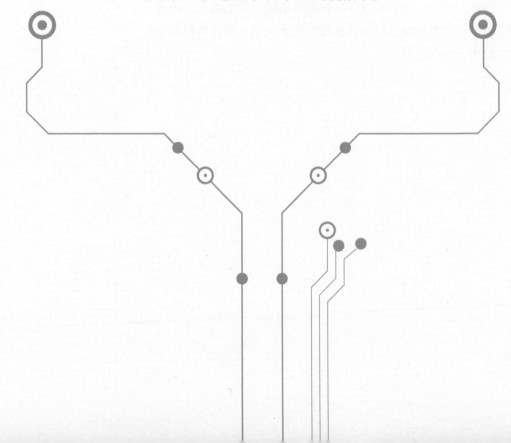

[目标]

超大规模集成电路主要是依靠器件尺寸的微缩来实现的。在此，我们将学习作为微缩指针的缩放比例定律。微缩的优点是将集成度提高，可以使得器件以更高的速度运行，并且在微缩过程中功耗会保持不变。

然而随着微缩的进行也会出现很多麻烦。作为问题的实例，我们会学习 MOS 晶体管沟道变短而造成的短沟道效应、CMOS 器件的闩锁效应，以及由于布线变细造成的电路工作延迟现象。

最后学习闪存这一超大规模集成电路的代表作。

[提前学习]

(1) 阅读 7.1 节，能够说明缩放比例定律。

(2) 阅读 7.2 节，理解器件微缩的问题的两个实例——MOS 晶体管沟道变短而造成的短沟道效应以及 CMOS 器件的闩锁效应。

(3) 阅读 7.3 节，能够说明由于互连线微缩造成的信号延迟现象。

(4) 阅读 7.4 节，理解闪存的工作原理。

[这一章的项目]

(1) 器件微缩的方向：缩放比例定律。
(2) 器件微缩的难点。
(3) 互连线微缩造成的信号延迟。
(4) 闪存。

7.1 器件微缩的方向：缩放比例定律

如果将器件微缩化，那么使用其制成超大规模集成电路时，集成度就可以提升。在这一过程中器件的特性会怎样变化呢？消耗的电力会怎样变化呢？要解决这些问题，离不开缩放比例定律，这也是今天的半导体发展的基础。在此将说明缩放比例定律。

▶▶ 7.1.1 器件微缩化的好处

大规模集成电路从大分类上区分，可以分为以计算机的**中央处理器**（CPU，central processing unit）为代表的**系统 LSI**以及用于记忆数据的**存储器 LSI**。超大规模集成电路即 VLSI/超 VLSI 主要是依靠器件尺寸的微缩来实现的。

图 7.1 展示的是 MOS 晶体管的沟道长度 L 的微缩化前后的变化。器件微缩化的主要好处有以下 3 点。

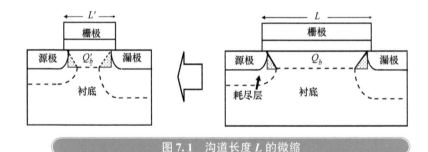

图 7.1　沟道长度 L 的微缩

（1）高性能化：比如 CPU，器件在微缩后变得可以更高速。

（2）功能更丰富：在一个芯片上如果搭载上通信、图像处理、存储等模块之后，功能就会更为丰富。

（3）低成本化：例如存储器 LSI，器件高度集成后，每一比特的平均价格就会下降。

▶▶ 7.1.2 缩放比例定律

关于器件微缩这一点，登纳德给出并发表了作为指针的**缩放比例定律**（scaling rule）[1]。如表 7.1 所示，器件的尺寸（L、W、t_{ox} 等）微缩为 $1/k$，并将掺杂浓度 N 提高到 k 倍，电压下降至 $1/k$。这里 k 为等比例缩小系数（$k>1$）。在电路中，单位

注释 1：也被称为等比例缩小法则。

面积上晶体管的数量每年增加 2 倍[2]，k 通常总是 $\sqrt{2}$。其中芯片面积 A_{chip} 几乎永远保持为 1cm^2 不变。

表 7.1　缩放比例定律，k 为等比例缩小系数（$k>1$）		
项　　目	关 系 式	微　缩
器件的尺寸（L、W、t_{ox} 等）		$1/k$
掺杂浓度 N		k
电压 V		$1/k$
芯片的晶体管数目 n	$1/(LW)$	k^2
单位面积的电容 C_0	$1/t_{\text{or}}$	k
电容 C	$C_0 LW$	$1/k$
单位长度的沟道电荷 Q_S	$WC_0(V_G-V_{\text{th}})$	$1/k$
载流子速度 v_S	μE_S	1
电流 I	$Q_S v_S$	$1/k$
延迟时间 τ_{device}	CV/I	$1/k$
晶体管的工作速度	$1/\tau_{\text{device}}$	k
单个晶体管的平均耗电功率 P_{device}	IV	$1/k^2$
芯片整体耗电功率 P_{chip}	nP_{device}	1

注释 2：1965 年，英特尔公司的创始人之一戈登·摩尔预言"集成电路上的晶体管数量将以每年 2 倍的速度增加"，因此这一说法被称为摩尔定律。当时器件即晶体管数量大概是 50 个左右。然而人们一直朝着这个设定的目标努力。到目前，晶体管的增加步伐虽然变迟缓了，但是在 2021 年这一时间点上，单个芯片上容纳的晶体管数目已经超过了 150 亿个。

　　缩放比例定律一般在保持电场强度一定的情况下进行微缩。也就是说即使进行微缩后，器件内的等电位线的状态不会发生变化。

　　缩放比例定律重要的成果之一就是明确了，芯片的晶体管数量 n 随着 k^2 的比例增加，虽然晶体管的速度以 k 倍增加，芯片所消耗的电能却不增加。自此器件的微缩化指针就确定下来了。

　　关于表 7.1 的缩放比例定律，在此说明其中的几个数值，即芯片的晶体管数目 n，电流 I 以及**延迟时间**（delay time）τ_{device}。（其他的作为［习题 7.1］）。微缩之前的晶体管数目 n 为：

$$n = c\frac{A_{\text{chip}}}{LW} \tag{7.1}$$

这里 c 为比例常数，L 和 W 为微缩前的芯片长和宽，微缩之后的晶体管数量 n' 为：

$$n' = c \frac{A_{\text{chip}}}{L'W'}$$

$$= c \frac{A_{\text{chip}}}{\dfrac{L}{k}\dfrac{W}{k}} \qquad (7.2)$$

$$= k^2 n$$

通过按比例缩放，晶体管的数量增大到了 k^2。芯片面积 A_{chip} 并没有变，而晶体管的面积变小了，也因此可以塞进更多的晶体管。

电流 I 就像 6.2.2 节中所述的那样，为 $Q_S v_S$。电荷 Q_S 会减少至原来的 $1/k$，这是因为 WC_0 不会由于微缩而改变大小，$(V_G - V_{\text{th}})$ 却会减小到原来的 $1/k$。载流子速度 v_S 由于电场强度没有变化，所以微缩了也不会变化[3]。因此电流 I 会由于微缩的关系而减小到 $1/k$。

装置的延迟时间 τ_{device} 是非常有意思的，关于这一点使用图 7.2 来说明。τ_{device} 是对电荷 Q 使用电流 I 来充放电所需的时间，也就是 Q/I，而通过微缩，I 会变小为原来的 $1/k$。

注释 3：饱和区的电流的情况也是一样，饱和速度 v_{sat} 并不会因微缩而改变，所以不会影响到这里的结论。

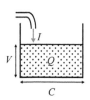

图 7.2　关于充满电荷 Q 所需要的时间 τ_{device} 的说明

但是充放电所需要的电荷 Q 由于 C 和 V 同时变成了原来的 $1/k$，CV 也就是 Q 会变为原来大小的 $1/k^2$。换句话说，充放电所需的电荷 Q 会急剧地减少，而 τ_{device} 则会随之变为原来的 $1/k$。因此电流虽然减小了，器件的工作速度却变高了。

实际上缩放比例定律中的一些部分是无法每年都按计划改变的，比如给芯片提供电力的电源规格，无法每年改变。因此电压的微缩会被搁置，此时其他部分微缩，其电场强度会变

大。此外近年来微缩加工有一定的技术难度，微缩的步伐有些
缓慢了。

7.2 器件微缩的难点

在此，介绍微缩造成的问题。微缩的历史可以说是为了解
决这些问题的对策和精密加工技术的研发过程的历史。

▶▶ 7.2.1 短沟道效应

MOS 晶体管的沟道长度 L 被微缩后，如图 7.3 所示，阈
值电压 V_{th} 会随之下降，这被称为短沟道效应。在电路设计中
V_{th} 的期待值应该是与 L 无关而保持恒定的。V_{th} 变小的原因有
两点，其一，如图 7.1 所示，存在**电荷共享**（charge sharing）
现象。沟道下的耗尽层的电荷 Q_b 的一部分由源极以及漏极所
有，因此栅极需要负责对应的电荷就会减少，减少的部分如图
7.1 中的阴影部分所示。L 缩短，栅极所对应的电荷就会显著
减少，V_{th} 会因此变低。还有一个原因是如图 7.4 所示的 DIBL
（漏致势垒降低）（drain induced barrier lowering）。漏极在靠近
源极的过程中，沟道的势垒会受到漏极的下拉作用，导致其在
V_G 较低的情况下就有电流流动（也就是 V_{th} 的下降）。

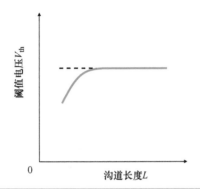

图 7.3　阈值电压 V_{th} 对于沟道长度 L 的依赖性

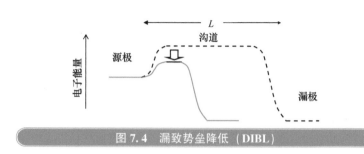

图 7.4　漏致势垒降低（DIBL）

为了抑制短沟道效应，需要降低漏极对沟道的影响。比如提升沟道的掺杂浓度，其对于抑制漏极的耗尽层延展是有效的。另外降低栅极氧化膜厚度 t_{ox} 也可以提高栅极对沟道的控制能力。

7.2.2　CMOS 器件的闩锁效应

微缩会使得晶体管和晶体管之间的间隔越来越窄。在此说明 CMOS 结构特有的问题——闩锁（latch up）效应。

对于有着超过 10 亿个晶体管的大规模集成电路来说，如何降低电力消耗是一个重要问题。因此需要用到 6.4.2 节中所述的 CMOS 电路。图 7.5 是 CMOS 结构的样例。

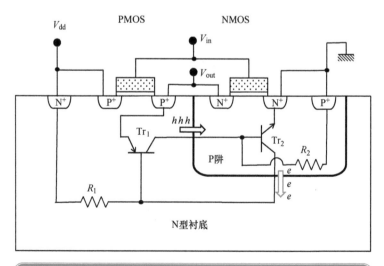

图 7.5　CMOS 结构的样例

CMOS 是由 NMOS 以及 PMOS 同时形成的，会存在多重寄生器件（parasitic element）。在同一张图中存在横式的 PNP 双极性晶体管 Tr_1 以及纵式的 NPN 双极性晶体管 Tr_2 寄生器件[4]，也存在寄生电阻 R_1、R_2。由于 Tr_1 以及 Tr_2 的电流放大系数 h_{FE} 的乘积大于 1，并且 Tr_1 以及 Tr_2 中任何一个处于导通情况时，都会产生数值很大的电流。这个电流会将晶体管烧毁，此时就发生了被称为闩锁效应的现象。

造成闩锁的原因是，输入输出终端的电压的过冲[5]、下冲[6]，以及衬底电流等因素。比如图 7.5 中输出 V_{out} 发生过冲现象，使得 V_{out} 超过了 V_{dd}，以至于 Tr_1 的发射极与基极之间形成了正向偏置状态。空穴自 P^+ 扩散区注入基区的 N 衬底中。N 型衬底的电阻 R_1 比较高，使得空穴无法被吸出，此时，如果 Tr_1 的集电极的 **P 阱**（well）[7]在附近，空穴就会流入 P 阱中。P 阱也是 Tr_2 的基极，P 阱的电阻 R_2 如果比较高，带有正电荷的空穴会使得 P 阱的电动势上升。因此 Tr_2 的发射极与基极之间呈现正向偏置状态，Tr_2 会被导通。电子由发射极的 N^+ 扩散区释放至作为集电极的 N 衬底中，N 衬底的电动势会因此下降。这一结果是 Tr_1 的发射极与基极之间的正向偏置进一步增大。也就是说，从 Tr_1 释放的空穴又进入 P 阱中，导致 P 阱的电位进一步上升，而 Tr_2 出来的电子又进入 N 衬底，使得 N 衬底的电动势下降。这一正反馈过程使得 P 阱与 N 衬底中形成空穴和电子不断流入造成的大注入状态。然后，过剩的空穴以及电子使得 P 阱与 N 衬底之间的反向偏置状态最终变为正向偏置状态，而被导通[8]。结果是在作为 Tr_1 的发射极的 P^+ 扩散区和作为 Tr_2 的发射极的 N^+ 扩散区之间会有大电流流过，而导致元件本身被破坏。

为了防止闩锁现象的发生，需要考虑下面的几点。

（1）Tr_1 与 Tr_2 的电流放大倍数 h_{FE} 的乘积应该定在 1 以下。

（2）让寄生器件 R_1、R_2 变小。

（3）抑制载流子的注入造成的 N 衬底以及 P 阱的电动势变化。

注释4：这两个双极性晶体管的结构被称为**晶闸管**（thyristor）。

注释5：信号在升高过程中，短时间内处于超过规定水平而到其上方的现象。

注释6：信号在下降过程中短时间内处于低于规定的下限水平的现象。

注释7：所谓阱是指"井"的意思，指的是图 7.5 的情况中 N 型衬底中存在的 P 型区。这个 P 型区域也就是 P 阱中可以形成 NMOS。

注释8：P 阱与 N 衬底，由于过剩载流子关系，电荷特性上属于 I 型。也就是说，作为 P-I-N 二极管导通。

具体来说，为了让 h_{FE} 变小，进行放样模型（layout pattern）的设计，其中应充分考虑到几何学，并使寄生双极性晶体管的基区宽度能更宽等方法。此外，为了让 R_1、R_2 更小，可以使用低电阻的**外延片**（epitaxial wafer）以及高浓度的两个阱结构，即双阱结构（twin tub）。最后，为了抑制载流子的注入导致的电动势变化，可以使用下面两种方法。其一，在阱的边缘部分形成被称为**保护环**（guard ring）的电动势固定的扩散区。其二，如图 7.6 所示，为了防止载流子本身的注入而在阱的边缘设立绝缘膜来进行分隔沟槽（trench）隔离的方法。

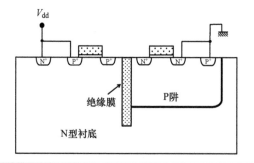

图 7.6 为了防止载流子的注入，在阱的边缘使用绝缘膜进行隔离

7.3 互连线微缩造成的信号延迟

互连线也会随着器件一起被细微化。这里说明关于互连线的细微化导致的**信号传播**（signal propagation）延迟。

▶▶ 7.3.1 定性的说明

对于电路的信号传播的延迟时间 τ_{delay}，如果简化来说就如图 7.7 所示，其大小就是驱动 MOSFET 通过互连线给负载电容 C_L 进行充电所需要的时间。互连线中有电阻 R_{wire} 以及电容 C_{wire}，会造成信号传播延迟。在互连线比较长的情况下（$C_{\mathrm{wire}} \gg C_L$），如下面的式子所示，电路的延迟时间 τ_{delay} 主要是由驱动 MOSFET 在 ON 状态下透过沟道电阻 R_{ch} 对互连线电容 C_{wire} 进行充电的时间[9]以及互连线之间的信号传播延迟时间 τ_{wire} 这两者来决定的。

$$\tau_{\text{delay}} \approx 2.3 R_{\text{ch}} C_{\text{wire}} + R_{\text{wire}} C_{\text{wire}} \tag{7.3}$$
$$= (2.3 R_{\text{ch}} + R_{\text{wire}}) C_{\text{wire}}$$

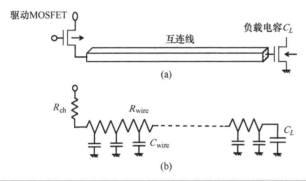

图 7.7 （a）信号的互连线延迟模型以及（b）等价电路

微缩前后 R_{ch} 是不会变化的[10]。考虑互连线延迟的影响时，R_{wire} 对于微缩会发生怎样的变化是第一要点。而第二要点是 C_{wire}。

如果按照缩放比例定律进行微缩，如 7.1 节中所述的那样，MOS 晶体管本身是会变得可以更高速地运行的。然而对互连线也进行微缩时，互连线造成的延迟时间 τ_{wire} 是不会被缩小的（将在 7.3.2 节中叙述）。相对来说，电路工作速度就会受到互连线的延迟瓶颈的影响。对于存储器 LSI 来说，有一种将互连线长度保持一定而将其宽度和膜厚度进行微缩的情况。在这种情况下，由于信号在较细的互连线上流动，互连线造成的延迟时间 τ_{wire} 会变大。此外，系统 LSI 和存储 LSI 不同，其中的互连线由于并非呈周期性图案分布，互连线会存在长短差异。因此互连线的延迟时间是各不相同的。此时输入信号，在靠近输入的门以及在离输入较远的门上会产生时间差。这一时间差变大时，电路就会工作异常。这对于超大规模集成电路来说，其规模变大后互连线造成的延迟就是大问题。

注释 9：如果将在向 RC 电路提供单位阶跃函数状的输入信号后，输出达到最终电动势的 90%时，所需的时间定义为延迟时间，分布 RC 电路以及集总 RC 电路的延迟时间分别为 1.0RC 和 2.3RC。

注释 10：7.1 节中的器件的延迟时间 τ_{device} 使用了 CV/I 来说明。R_{ch} 为 V/I，微缩前后 R_{ch} 大小不变。

以上只是定性的说明，接下来用简单的式子定量地来说明互连线造成的延迟时间 τ_{wire}。

▶▶ 7.3.2　延迟时间的估算

作为互连线所造成的延迟时间 τ_{wire}，我们使用简单的式子对 $R_{\mathrm{wire}}C_{\mathrm{wire}}$ 进行估算。如图 7.8（a）所示，互连线宽度为 W，长度为 L，膜厚为 T，并且其下方的氧化膜厚度为 H 时，R_{wire} 以及 C_{wire} 可以用下面的式子来表达。

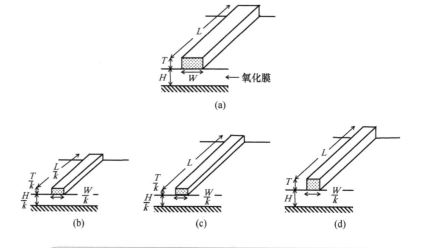

图 7.8　互连线微缩的说明图。（a）微缩之前，（b）在所有的方向上都进行微缩。（c）只在互连线长度方向上进行微缩，（d）只在膜厚度方向以及互连线长度方向进行微缩

$$R_{\mathrm{wire}} = \rho_{\mathrm{wire}} \frac{L}{WT} \qquad (7.4)$$

$$C_{\mathrm{wire}} = \varepsilon_{\mathrm{ox}} \frac{WL}{H} \qquad (7.5)$$

C_{wire} 使用**平行板电容器**（parallel plate capacitance）进行近似处理。这里 ρ_{wire} 是互连线材料的**电阻率**（resistivity），$\varepsilon_{\mathrm{ox}}$ 为氧化膜的电容率。因此延迟时间 τ_{wire} 可以变形为下面的式子：

$$\tau_{\text{wire}} = R_{\text{wire}} C_{\text{wire}}$$
$$= \rho_{\text{wire}} \varepsilon_{\text{ox}} \frac{L^2}{TH} \tag{7.6}$$

此时，τ_{wire} 不取决于互连线宽度 W。

1. 将所有的尺寸进行微缩的情况

如图 7.8（b）所示，将互连线的宽度以及长度，都以同样的等比例缩小系数进行微缩，微缩之后的互连线电阻 R'_{wire} 以及电容 C'_{wire} 为：

$$R'_{\text{wire}} = \rho_{\text{wire}} \frac{\dfrac{L}{k}}{\dfrac{W}{k} \dfrac{T}{k}} \tag{7.7}$$
$$= kR_{\text{wire}}$$

$$C'_{\text{wire}} = \varepsilon_{\text{ox}} \frac{\dfrac{W}{k} \dfrac{L}{k}}{\dfrac{H}{k}} \tag{7.8}$$
$$= \frac{C_{\text{wire}}}{k}$$

因此，C'_{wire} 缩小为原来的 $1/k$，而 R'_{wire} 增大到原来的 k 倍。其结果是，延迟时间 τ'_{wire} 变为：

$$\tau'_{\text{wire}} = R'_{\text{wire}} C'_{\text{wire}} \tag{7.9}$$
$$= \tau_{\text{wire}}$$

互连线的尺寸在各个方向上进行微缩后，延迟时间并不会缩小。而由于微缩，MOS 晶体管的工作速度会变为原来的 k 倍，相比较而言，互连线的延迟时间却没有变，相对来说电路的工作速度受到了互连线的延迟造成的瓶颈影响。

2. 将互连线长度保持不变进行微缩的情况

此外，在存储 LSI 中，存在许多从芯片的边缘到另一侧边缘的互连线，在大多数情况下，这些互连线即使是在微缩过后，其长度也不会变化。如图 7.8（c）中所展示的那样，在互连线长度不变的情况下，其电阻大小以及电容大小可以分别表示为：

$$R''_{\text{wire}} = k^2 R_{\text{wire}} \qquad (7.10)$$

$$C''_{\text{wire}} = C_{\text{wire}} \qquad (7.11)$$

可见电容大小是不会被微缩的，电阻大小会变为原来的 k^2 倍，因此延迟时间 τ''_{wire} 为：

$$\tau''_{\text{wire}} = k^2 \tau_{\text{wire}} \qquad (7.12)$$

微缩后延迟时间增加到原来的 k^2 倍。考虑到微缩后的器件会以 k 倍的速度来工作，在互连线长度不进行微缩的情况下，互连线造成的延迟将会占据主导地位，此时通过微缩来获得高速化是不可能的。此外互连线的横截面由于减小为原来的 $1/k^2$，电流减小为原来的 $1/k$，电流密度会随之变为原来的 k 倍，而产生一些互连线可靠性的问题。

3. 保持膜厚度以及互连线长度不变而进行微缩的情况

到目前为止的论述，说明的都是在互连线横截面的垂直方向（膜厚度）以及水平方向，使用同样的等比例缩小系数进行微缩的情况。实际上由于互连线的电流密度的增大等会导致的可靠性受影响，互连线横截面垂直方向上并不会和水平方向一样进行微缩。这里考虑一下如图 7.8（d）所示的情况，即在垂直方向不进行微缩，而只在水平方向进行微缩。值得一提的是，这里不对互连线长度进行微缩（对长度 L 进行微缩的效果应该比较容易考虑）。在垂直方向不进行微缩的情况下，由于下面两个因素的影响，将互连线电容大小近似为平行板电容的式子就不再成立了。

注释 11：这里的边缘指的是外侧边缘的意思。关于边缘电容，之后会用图 7.9（a）来进行说明。

- 互连线边缘部分的**边缘**（fringe）电容[11]。
- 互连线在相邻时形成的互连线间电容。

首先假设平行板电容近似成立，且不对垂直方向进行微缩。这时电阻以及电容可以表达为下面的式子。

$$R'''_{\text{wire}} = k R_{\text{wire}} \qquad (7.13)$$

$$C'''_{\text{wire}} = \frac{1}{k} C_{\text{wire}} \qquad (7.14)$$

电阻变为 k 倍，而不是式（7.10）中所示的 k^2 倍，因此

和系数 k 的相关性变弱了。电容也由微缩变为原来的 $1/k$。因此延迟时间 τ'''_{wire} 为：

$$\tau'''_{\text{wire}} = \tau_{\text{wire}} \tag{7.15}$$

从这个结果可以看出，如果不对互连线厚度 T 以及互连线下的氧化膜厚度 H 进行微缩，那么延迟时间会和微缩之前相比不变。只是实际上受到之前所说的两点因素的影响，互连线电容并不会下降得如式（7.14）那样厉害。接下来考虑一下这两点因素的影响。

如图 7.9（a）所示，电容除了平行板电容之外，还有互连线两端的边缘电容。图 7.9（b）展示的是，保持互连线膜厚度 T 以及互连线下面的氧化膜厚度 H 不变，将互连线宽度 W 进行微缩的情况下，对电容数值进行二维仿真的结果[12]。这里需要注意的是，图中的点画线为平行板电容大小。不在垂直方向进行微缩，而只对连线宽度 W 进行微缩时，随着 W 的减小，边缘电容的影响会越来越明显，此时会发生即使对 W 进行微缩，其电容大小也几乎不怎么变小的现象。在这种不对膜厚度方向上的尺寸进行微缩的情况下，使用平行板电容来求出互连线电容大小的方法会产生相当大的误差。

注释 12：图 7.9（b）中展示的是衬底的氧化膜厚度 H，将其他尺寸数值用正规化表示。

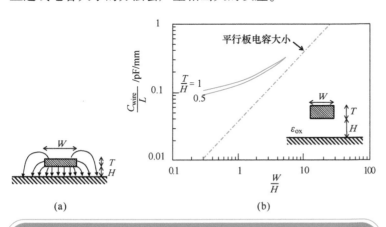

(a)　　　　　　　　(b)

图 7.9　单一互连线上的（a）边缘电容以及（b）电容对于互连线宽度的依赖性

在超大规模集成电路中，互连线和互连线基本处于平行布局状态。互连线在处于相邻位置时，伴随着微缩过程，互连线之间形成的寄生电容的影响会变强。图 7.10 展示的是将互连线宽度 W 以及互连线间隔 S 保持一定的条件下，对微缩后的电容大小进行二维仿真的结果。W 的细微化导致互连线和衬底之间的电容 C_{10} 变小。然而互连线之间的寄生电容 C_{12} 会增大。也就是说，伴随着微缩，互连线之间的寄生电容大小会逐渐占据主导地位[13]。这也意味着互连线之间的相互干扰效果会变强，电路工作异常的危险会变大。

注释 13：微缩会造成的互连线与衬底之间的电容 C_{10} 减小，而互连线之间的电容 C_{12} 增大。其结果是，在这一过程中会存在一个能让整体电容 C_{11} 达到最小的互连线结构。在这种情况下 $W/H=1$ 的附近可以让整体电容 C_{11} 取到最小值。

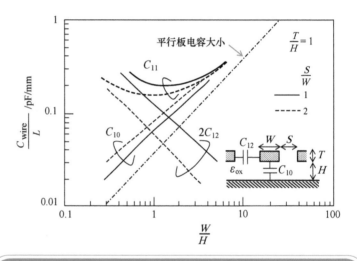

图 7.10 互连线在处于相邻的情况下，电容大小对于互连线宽度的依赖性

不将膜厚度进行微缩的情况下，互连线的电容 C'''_{wire} 由于二维效果并不会减小到如式（7.14）的 $1/k$。因此由于细微化造成的互连线**信号延迟**（signal delay）的影响会变强。

4. 关于微缩后的互连线的延迟时间的总结

到此为止，我们考虑了 3 种微缩对于互连线的延迟时间的影响。下面再次展示这 3 种微缩。

（a）对于垂直以及水平方向上的所有尺寸进行微缩。

（b）对互连线长度以外的尺寸进行微缩。

（c）对膜厚度（垂直方向）以及互连线长度之外的尺寸进行微缩。

这些微缩的影响总结起来可以用表 7.2 来概括。互连线的延迟时间并不会被微缩变化是由于互连线上的电阻大小在这一过程中增大了的缘故。在 3 种微缩情况下，其大小都以 k 倍以上的比率增大。此外保持互连线长度不变而对互连线长度以外的尺寸进行微缩时，互连线电容并不会变化，而互连线造成的信号延迟影响会变得更为显著。

表 7.2　互连线参数的微缩，k 为等比例缩小系数（$k>1$）

参　　数	对所有尺寸进行微缩	保持互连线长度不变进行微缩	保持膜厚度以及互连线长度不变进行微缩*
互连线电阻 R_{wire}	k	k^2	k
互连线电容 C_{wire}	$\frac{1}{k}$	1	$\frac{1}{k}+\alpha$
延迟时间 τ_{wire}	1	k^2	$1+k\alpha$

＊α 是边缘电容以及互连线电容造成的增量部分。

这里有需要注意的地方。具体地来说就是式（7.6）所展示的那样，互连线的延迟时间会与互连线长度 L 的二次方成正比。系统 LSI 和存储 LSI 不一样，并非由基本单元的周期性排布构成的，因此其中的互连线是有长有短的。所以互连线造成的延迟也是处于离散分布状态的，这对于电路来说有工作异常的风险。互连线的延迟时间由于和 L^2 相关，因此互连线的长短造成的影响非常大，电路设计将会变得困难。

为了电路工作的高速化以及稳定性，必须全力抑制互连线造成的信号延迟。为此，使用低电阻的互连线材料，低电容率的绝缘膜，以及互连线的多层化等手段是有效的。互连线技术对于超大规模集成电路来说是必不可少的，随着集成度的提升其重要性与日俱增。

7.4　闪存

下面简单介绍存储器 LSI，并介绍作为超大规模集成电路代表的闪存。

▶▶ 7.4.1　存储器 LSI 的分类

存储器 LSI 中，如图 7.11 所示，有切断电源后数据就会立即消失的易失性存储器，也有即使切断了电源，数据也会被保留下来的非易失性存储器。易失性存储器的代表是静态随机存取存储器（SRAM，static random access memory），以及动态随机存取存储器（DRAM，dynamic random access memory）[14]。SRAM 是非常高速的，在超级计算机的计算机存储器中也会用到，家用计算机中一般作为缓存来使用。虽然非常高速，但是由于被称为**单元（cell）**的结构，元器件数量众多，因此其容量的提升比较困难。而 DRAM 会比 SRAM 慢一些，但其结构比较简单，平均下来单位容量的价格比较低。

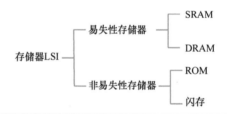

图 7.11　存储器 LSI 的分类

ROM（read only memory）是指非易失性的只读（不可重写）存储器。即使电源被切断后也能保持数据。ROM 举例来说，有制造的时候就直接写入数据的掩模只读存储器等。

▶▶ 7.4.2　闪存：数据写入以及擦除

闪存（Flash memory）是非易失性的，虽然比起 DRAM 工作速度要慢一些，但是存储于其中的数据是可以通过电气特性来改写的[15]。在此，从半导体器件的观点来介绍闪存这一被广泛使用的超大规模集成电路。

图 7.12 是闪存的单元结构。基于 MOS 晶体管，一个晶体管就可以成为存储单元，因此单元面积比较小。栅极之下有可以存储电荷的**电荷存储层**（charge storage layer）。在这里带有负电荷的电子会被存储起来，阈值电压 V_{th} 会随之升高。这里

可以根据其电荷存储层中是否有电子来记忆数据。电荷存储层是由氮化膜等电荷陷阱以及绝缘膜包围起来的**浮栅**（floating gate，以下略记 FG）构成的。即使切断电源，电荷存储层中的电子也无法移动，可以记录下电子的有和无状态，并用于进一步记录数据。

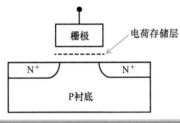

图 7.13（a）是 FG 中用于存储电子的单元结构。FG 上面的栅极部分被称为**控制栅极**（control gate，下面用 CG 表示）。当 FG 中的电子比较少的情况下，V_{th} 会较低，姑且称为“低 V_{th}”状态。在电子比较多的情况下，将其称为“高 V_{th}”状态。图 7.13（b）展示的是 FG 的电子多寡两种情况下的单元电流 I 对 CG 电压 V_{CG} 的依赖性。CG 上施加 0V 时，呈现“低 V_{th}”状态，电流可以流动。反过来呈现“高 V_{th}”时，电流无法流动。电流流动与否可以用来判断 FG 中存储的数据。由

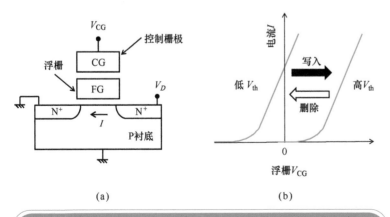

(a)   (b)

图 7. 13   （a）浮栅的单元结构以及（b）单元电流 I 对于
控制栅极电压 V_{CG} 的依赖性

"低 V_{th}" 向 "高 V_{th}" 的转变，而达到向其中写入数据的操作目的，需要在 CG 上施加正的电压，使得从衬底向 FG 写入（注入）电子。反之，要想将 "高 V_{th}" 状态的数据删除，需要在衬底上施加正的电压，使得衬底可以将电子从 FG 一侧吸走，并随之造出 "低 V_{th}" 的状态。

图 7.14 展示的是向 FG 中注入电子的说明图。图 7.14（a）所示，CG 上施加正的电压（大概 18V 左右）以向 FG 中注入电子。图 7.14（b）则是能带图。在高电场强度条件下氧化膜的能带是弯曲的，氧化膜的实效厚度是比较薄的。就像第 2 章中叙述的那样，电子存在波的性质，可以透过氧化膜，使电流得以流动。这称为 **F-N 隧穿**（Fowler-Nordheim tunneling）电流。闪存中是通过 FN 隧穿电流来写入电子的。一般来说，典型的氧化膜厚度 t_{ox} 为 7nm 左右。顺带一提，数据删除时是通过向衬底施加正的电压，F-N 隧穿电流使得电子从 FG 中被吸出并流向基板的。

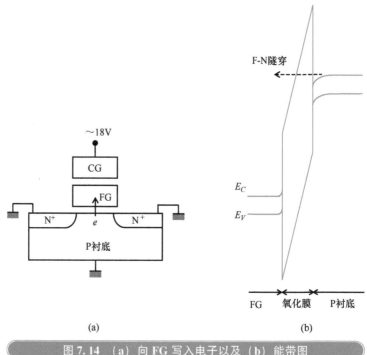

图 7.14 （a）向 FG 写入电子以及 （b）能带图

本书以初次学习半导体器件的读者为对象，介绍了半导体器件相关的知识。半导体器件的发展，使得大容量的存储器以及高速计算机的实现成为可能。今后以 Si 为中心的半导体产业也会继续发展下去。使用能带图等手段，从本质来理解半导体器件的基础知识是非常重要的。

[第 7 章总结]

（1）根据缩放比例定律来进行微缩，器件可以高速运行并且芯片消耗的电能不会变。

（2）微缩的难点在于，MOS 晶体管中沟道长度的缩小会引起 V_{th} 下降的现象，也就是被称为短沟道效应的问题。

（3）CMOS 器件也会由于微缩，而出现闩锁效应这一问题。

（4）伴随着微缩的进展，电路受到的来自互连线的信号传输延迟问题的影响会越来越明显。

（5）作为超大规模集成电路代表的闪存，其基本单元可以理解为，MOS 晶体管的栅极以及 P 衬底之间增加了电荷积蓄层后得到的产物。

▶▶ **习题**

[习题 7.1]　表 7.1 中的缩放比例定律的各种效果中，请说明除了作者已经叙述过的 3 个项目（芯片中的晶体管数量、漏极电流 I_D、器件的延迟时间 τ_{device}）之外的内容。

[习题 7.2]　关于沟道长度 L 微缩的同时，V_{th} 会降低这一短沟道现象，请解释其中 V_{th} 变低的原因。

[习题 7.3]　关于图 7.5 中的闩锁现象的说明，考虑的是输出 V_{out} 发生过冲的情况。在 V_{out} 发生下冲[16]的情况下，也会出现闩锁现象。请对 V_{out} 发生下冲时，电子从连接 V_{out} 的 N$^+$ 扩散区出发注入作为基区的 P 阱这一条件下发生的闩锁情形进行说明。

注释 16：这里的 V_{out} 小于 0V。

[习题 7.4]　假如互连线的宽度以及长度等所有要素都能

均匀地微缩，延迟时间 $R_{wire}C_{wire}$ 会和微缩前相比保持不变。请解释为什么在微缩前后，电路的工作速度会受到互连线延迟的瓶颈影响。

[习题 7.5] 闪存的单元中，随着 CG 下面的电荷累积层中的电荷存在与否，V_{th} 会产生变化。请说明当 CG 与电荷累积层之间的距离在变长的情况下，电荷的存在与否所对应的 V_{th} 的变化量是会更大还是更小。

▶▶ **习题解答**

[解答 7.1] 下面为解答内容。

单位面积的电容 C_0 是与 t_{ox} 成反比的。微缩之后 t_{ox} 会变为原来的 $1/k$ 倍，而 C_0 会变大。

电容 C 大小为 C_0 乘以面积 LW。面积变为原来的 $1/k^2$ 时，C 会变为原来的 $1/k$。

单位长度的沟道电荷 Q_S，可以表示为 $WC_0(V_G-V_{th})$。电容大小 WC_0 并不随微缩而改变，但是 V_G-V_{th} 会变为原来的 $1/k$。因此综合所有要素，Q_S 会变为原来的 $1/k$。

载流子速度 v_S，由于电场强度不随微缩改变，所以其大小也保持不变。

器件的工作速度为 $1/\tau_{device}$，由于微缩其工作速度会变快。

单位器件相当的电能消耗量 P_{device} 由 $I \cdot V$ 来决定。微缩过程中 I 和 V 都会变为原来的 $1/k$。因此 P_{device} 会变为原来的 $1/k^2$。

芯片的总电能消耗量 P_{chip} 是由 $n \cdot P_{device}$ 来决定的。虽然器件数目 n 变为 k^2，但是就如上面所说，单位器件的电能消耗量变成了之前的 $1/k^2$。因此 P_{chip} 在微缩前后保持不变。

[解答 7.2] V_{th} 低下的原因是，电荷共享以及 DIBL（漏致势垒降低）的存在。关于电荷共享，由于源极以及漏极的耗尽层的关系，微缩后栅极所负责并对应的电荷 Q_b 会变少。如果 L 缩小，这种现象会变得更明显。关于 DIBL，漏极使得沟道的势垒被拉下来，V_{th} 也会因此而变小。

[解答 7.3]　使用图 7.15 来说明。V_{out} 会下冲，Tr_2 的发射极与基极之间处于正向偏置状态时，N^+ 扩散层中的电子会被注入基区的 P 阱中。P 阱的电阻 R_2 比较大，因此电子并不会被吸出，此时作为 Tr_2 的集电极的 N 衬底如果刚好在附近，电子就会流入 N 衬底中。因为 N 衬底同时也是 Tr_1 的基区，由于这部分（流入的）电子的关系 N 衬底的电动势会下降。因此 Tr_1 的发射极与基极之间会呈现正向偏置状态而 Tr_1 被接通。之后空穴从 P 阱中被释放出来，P 阱的电动势上升。这个结果就是 Tr_2 的发射极与基极之间的正向偏置会加剧，进而发生闩锁现象。

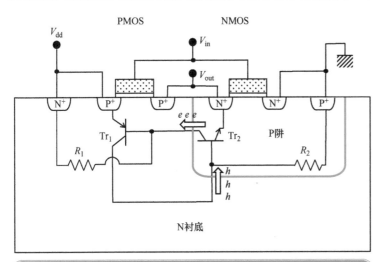

图 7.15　[习题 7.3] 闩锁现象的说明图

[解答 7.4]　微缩前后比起来，互连线的延迟时间并不会变化。只是微缩后 MOS 晶体管会比原来快 k 倍。其结果是，相对地，本应该整体变快的电路速度被（速度和原来保持一致）互连线的延迟造成的瓶颈限制。

[解答 7.5]　CG 与电荷累积层的距离 d 越大，V_{th} 的变化量 ΔV_{th} 就越大。CG 与电荷累积层之间的电容大小记作 C，而电荷累积层中积累的电荷记作 Q，ΔV_{th} 的大小为 Q/C。d 越大则 C 越小，ΔV_{th} 会随之变大。换句话说，CG 为了能控制位于远处的 Q（以抵消距离变化的影响），CG 的电动势变化（即 ΔV_{th}）就要变大。

附　　录

▶▶【附录 1】 常量表

物　理　量	记号以及数值
真空中的电容率	$\varepsilon_0 = 8.86 \times 10^{-14} \text{F/cm}$
普朗克常数	$h = 6.626 \times 10^{-34} \text{J} \cdot \text{s}$
基本电荷	$q = 1.60 \times 10^{-19} \text{C}$
玻尔兹曼常数	$k = 8.62 \times 10^{-5} \text{eV/K}$
室温（300K）时的 kT	$kT = 0.0259 \text{eV}$
300K 时导带的有效状态密度	$N_C = 2.86 \times 10^{19} \text{cm}^{-3}$
300K 时价带的有效状态密度	$N_V = 3.10 \times 10^{19} \text{cm}^{-3}$

▶▶【附录 2】 室温下（300K）的 Si 基本常量

物　理　量	记号以及数值
能隙	$E_g = 1.12 \text{eV}$
本征载流子浓度	$n_i = 1.0 \times 10^{10} \text{cm}^{-3}$
相对电容率	$K_{Si} = 11.7$

▶▶【附录 3】 从基本专利到实用化花了 32 年的 MOS 晶体管

为了实现 MOS 晶体管的实用化，从其基本的场效应晶体管的专利开始计算，一共花了长达 32 年的岁月。在此我们复习一下其历史，以了解其开发过程的艰辛。

场效应晶体管的专利就如在 1.1 节中所述，于 1933 年被利林费尔德获得。但是当时半导体的理论以及稳定的半导体制造技术并不存在，因此这一专利并没有被实用化。1938 年贝尔实验室成立了以肖克利为首的固体物理基础研究团队，不过即便如此，也并没有太多收获。

1955 年左右半导体由 Ge 被 Si 取代了。其理由有以下三点。第一，Si 比 Ge 的能隙更宽，截止状态电流更小，耐压也更高。第二，Ge 非常贵，而 Si 是地球上岩石和土壤中大量存在的元素，因此非常便宜。第三，也是对于 MOS 晶体管来说非常重要的，Ge 的熔点是937℃，因此无法承受高温条件下的氧化处理。但是 Si 的熔点为 1410℃，所以高温氧化之后，可以获得优良的氧化膜。Si 通过热氧化处理之后，Si 的表面会存在未结合的孤电子对，即表面悬挂键（dangling bond）可以使用SiO$_2$进行封闭消除。1954 年贝尔实验室的弗洛希将单晶 Si 置于水蒸气中进行高温热处理后，发现 Si 表面生长出了质量不错的 SiO$_2$，改良了 Si/SiO$_2$ 的界面质量。

1960 年为了制造单晶，无位错硅单晶生长法被实用化，终于获得了高品质的 Si 单晶。同一年贝尔实验室的姜大元和阿塔拉发明了使用水蒸气氧化的SiO$_2$作为栅极氧化膜的 MOS 晶体管这一专利。然而 Si/SiO$_2$界面上依然存在许多界面态[1]，用栅极电压来控制电流的 MOS 晶体管的特性依然不够稳定。

1965 年，RCA 的克恩开发出了洗净金属杂质以及纳米尺寸的灰尘（粒子）的 RCA 清洗技术。之后，SiO$_2$ 膜中的碱金属杂质离子（Na$^+$、K$^+$等可动离子[2]）的处理方法、Si/SiO$_2$ 的界面处理方法，以及 Si 衬底的结晶缺陷对策等，这些问题控制方法被确定下来。从利林费尔德的基本专利开始经过了 32 年，MOS 晶体管终于被实用化了。

让我们考虑一下界面态。目前 Si/SiO$_2$ 界面的界面态密度为 10^{10} cm^{-2}数量级。Si 的掺杂浓度为 5×10^{22} cm^{-3}。

面密度为（5×10^{22}）$^{2/3}$ = 1.4×10^{15} cm^{-2}。粗略计算的话或许 1954 年之前的 Si/SiO$_2$界面上存在过 10^{15} cm^{-2}数量级的界面态。界面态减小到了十万分之一之后，才开启了 MOS 晶体管的实用化进程。

▶▶【附录 4】麦克斯韦-玻尔兹曼分布函数

能量 E 以及费米能级E_F之间的差$|E-E_F|$如果比 kT 大非常多的情况下，费米-狄拉克分布函数可以近似为下面的式子：

注释1：Si/SiO$_2$ 界面上 Si 结晶会存在周期性截断现象，这也被称为界面态。

注释2：可动离子的形成原因之一是人。由于 Na 在人体中大量存在，Si 晶圆被人触摸之后当然就不能使用了。另有传言，除了可动离子外，日本在高速发展期中雇佣了大量女性员工，可能因女性员工使用的化妆品粉尘的关系，使得产品良率有一定的下降。

$$f(E) \approx e^{-\frac{E-E_F}{kT}} \quad (E > E_F) \tag{A4.1}$$

$$f(E) \approx 1 - e^{-\frac{E_F-E}{kT}} \quad (E < E_F) \tag{A4.2}$$

这个近似由于其函数形式比较简单，因此比较有用。值得一提的是，在统计学中这个简易式子也被称为麦克斯韦-玻尔兹曼分布函数。图 A4.1 展示了费米-狄拉克分布函数以及麦克斯韦-玻尔兹曼分布函数。$|E-E_F|$ 为 $2kT$ 的时候，近似误差率为 14%。然而 $|E-E_F|$ 达到 $3kT$ 的情况下，误差为 5%。

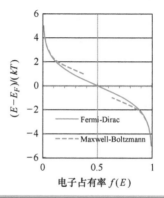

图 A4.1 费米-狄拉克分布函数以及麦克斯韦-玻尔兹曼分布函数

▶▶【附录5】关于电子密度 n 以及空穴密度 p 的公式

电子密度 n 可以由状态密度 $N_e(E)$ 乘上占有率 $f(E)$ 并进行积分得到。积分范围对应的是导带下端的 E_C 至无限上端的这一能量范围。由于 $f(E)$ 处于导带的上端时迅速衰减，因此积分至无限大结果也不会变。

$$n = \int_{E_C}^{\infty} N_e(E) f(E) \, \mathrm{d}E \tag{A5.1}$$

高能时，可以容纳电子的位置比较多，可是实际上位置上有电子的概率比较低。另外，$N_e(E)$ 可以用下面的式子来表示。

$$N_e(E) = 4\pi \left(\frac{2m_e}{h^2} \right)^{\frac{3}{2}} \sqrt{E - E_C} \tag{A5.2}$$

这里，h 为**普朗克常数**（Planck constant），m_e 为电子有效质量。

空穴密度 p 可以通过 $N_h(E)$ 乘上 $1-f(E)$ 并进行积分得到，积分范围是价带上端的 E_V 至负无穷大。

$$p = \int_{-\infty}^{E_V} N_h(E)(1 - f(E))\,\mathrm{d}E \qquad (A5.3)$$

这里，$1-f(E)$ 为电子未占有能量 E 状态的概率。其实也就是被空穴占有的概率。而 $N_h(E)$ 可以用下面的式子给出。

$$N_h(E) = 4\pi \left(\frac{2m_h}{h^2}\right)^{\frac{3}{2}} \sqrt{E_V - E} \qquad (A5.4)$$

这里 m_h 为空穴的**有效质量**。

积分中使用了费米-狄拉克分布函数的近似式，即式（A4.1）以及式（A4.2）中出现的麦克斯韦-玻尔兹曼分布函数。E_F 如果距离 E_C 以及 E_V 在 $3kT$ 以上时，下面的近似式是合理的（参考【附录4】）。

$$n = N_C e^{-\frac{E_C - E_F}{kT}} \qquad (A5.5)$$

$$p = N_V e^{-\frac{E_F - E_V}{kT}} \qquad (A5.6)$$

这里 N_C 以及 N_V 被分别称为导带以及价带的**有效状态密度**，以下面的式子给出。

$$N_C = 2\left(\frac{2\pi m_e kT}{h^2}\right)^{\frac{3}{2}} \qquad (A5.7)$$

$$N_V = 2\left(\frac{2\pi m_h kT}{h^2}\right)^{\frac{3}{2}} \qquad (A5.8)$$

图 A5.1 是 I 型半导体在室温（$T=300\mathrm{K}$）下的电子以及空穴的能量分布图。式（A5.5）以及式（A5.6）在 I 型半导体中也成立。N 以及 P 由于相等，因此本征载流子浓度记作 n_i，I 型半导体的费米能级记作 E_i 时，存在下面的关系。

$$n_i = N_C e^{\frac{E_C - E_i}{kT}} \qquad (A5.9)$$

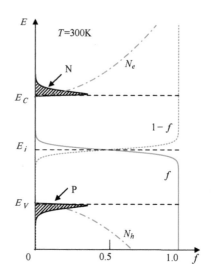

图 A5.1　室温（$T=300K$）下的 I 型半导体的电子以及
空穴的能量分布

$$n_i = N_V e^{-\frac{E_i - E_V}{kT}} \qquad (A5.10)$$

因此式（A5.5）的 n 以及式（A5.6）的 p 可以写成：

$$n = n_i e^{\frac{E_F - E_i}{kT}} \qquad (A5.11)$$

$$p = n_i e^{\frac{E_i - E_F}{kT}} \qquad (A5.12)$$

在低温以及掺杂浓度较高的情况下，E_F 会接近 E_C 或是
E_V。这种情况是无法近似为麦克斯韦-玻尔兹曼分布函数的，
而必须使用费米-狄拉克分布函数。

▶▶ 【附录 6】 质量作用定律

质量作用定律表现的是化学反应的平衡条件。电子 e 以及
空穴 h 在温度 T 下处于热平衡时，这个状态可以用下面的式子
来表示：

$$e_{VB} \xrightleftharpoons{\quad} e + h \qquad (A6.1)$$

密度如果用〔〕来标记，左边的价电子密度〔e_{VB}〕以及右边的电子和空穴的密度乘积〔e〕〔h〕的比值是取决于温度 T 的常数 $k(T)$。这就是质量作用定律。因此下面的式子成立。

$$\frac{〔e〕〔h〕}{〔e_{VB}〕}=k(T) \qquad (A6.2)$$

〔e〕用 n，〔h〕用 p 来改写时，有下面的式子。

$$\frac{np}{〔e_{VB}〕}=k(T) \qquad (A6.3)$$

对于 i 型半导体上面的式子也成立，有：

$$\frac{n_i n_i}{〔e_{VB}〕}=k(T) \qquad (A6.4)$$

由式（A6.3）以及式（A6.4）可以得到下面的质量作用的式子。

$$np=n_i^2 \qquad (A6.5)$$

质量作用定律在 N 以及 P 型半导体中也是成立的，其含义是 pn 乘积为固定值。

▶▶【附录 7】PN 结的耗尽层宽度

PN 结中 N 型以及 P 型的耗尽层宽度之和如果记为 W_d，可得：

$$W_d=x_n+x_p \qquad (A7.1)$$

N 型区的正电荷 $qN_d^+ x_n$ 以及 P 型区的负电荷 $-qN_a^- x_p$ 相平衡。电荷记为 Q_b，可以用下面的式子来表示。

$$Q_b=qN_d^+ x_n=qN_a^- x_p \qquad (A7.2)$$

内部电动势 ϕ_{bi} 对应的是图 3.10（c）的三角形区域，并且取决于电场强度 E_{max} 以及 W_d。

$$\phi_{bi}=\frac{1}{2}E_{max}W_d$$
$$=\frac{1}{2}\frac{Q_b}{\varepsilon_{Si}}W_d \qquad (A7.3)$$

这里 ε_{Si} 是 Si 的电容率。根据式（A7.1）以及式（A7.2）可得：

$$x_p = \frac{N_d^+}{N_d^+ + N_a^-} W_d \qquad (A7.4)$$

而这个式子和式（A7.3）联立后可得：

$$W_d = \sqrt{\frac{2\varepsilon_{Si}}{q} \frac{N_d^+ + N_a^-}{N_d^+ N_a^-} \phi_{bi}} \qquad (A7.5)$$

其中关于 x_p 可以通过式（A7.4）以及式（A7.5）变形得到下面的式子。

$$x_p = \sqrt{\frac{2\varepsilon_{Si}}{q} \frac{N_d^+}{N_a^-(N_d^+ + N_a^-)} \phi_{bi}} \qquad (A7.6)$$

比如 As 的掺杂浓度为 $10^{16} \mathrm{cm}^{-3}$ 而且 B 的掺杂浓度为 10^{15} cm^{-3} 时的 PN 结，可以算出 W_d 为 $0.97 \mu m$。此时 x_n 为 $0.09 \mu m$，而 x_p 为 $0.88 \mu m$。

在施加偏置电压 V 的情况下（如果是反向偏置，则 $V < 0$）。ϕ_{bi} 使用 $\phi_{bi} - V$ 来置换后可得，W_d 为：

$$W_d = \sqrt{\frac{2\varepsilon_{Si}}{q} \frac{N_d^+ + N_a^-}{N_d^+ N_a^-} (\phi_{bi} - V)} \qquad (A7.7)$$

反向偏置电压为 0.3V 时，W_d 相比较处于热平衡状态时（$V = 0$）的情形要宽阔，有 $1.17 \mu m$（其中 $x_n = 0.11 \mu m$，$x_p = 1.06 \mu m$）。施加 0.3V 的顺方向电压时，W_d 会变为 $0.72 \mu m$（其中 $x_n = 0.07 \mu m$，$x_p = 0.65 \mu m$）。

经常会有单侧的掺杂浓度与另一侧的浓度相比大很多的情况。这被称为**单边阶跃结**（one-side step junction）。比如当 n 型的浓度比较大而 $N_d^+ \gg N_a^-$，有：

$$W_d = \sqrt{\frac{2\varepsilon_{Si}}{q N_a^-} (\phi_{bi} - V)} \qquad (A7.8)$$

B 的掺杂浓度为 $10^{15} \mathrm{cm}^{-3}$ 的单边阶跃结上施加电压 V 为 0V，W_d 会是 $0.92 \mu m$。图 A7.1 中展示的是施加反向偏置 V 的情况下，单边阶跃结的耗尽层宽度 W_d。

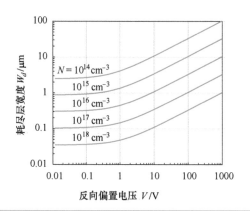

图 A7.1　单边阶跃结的耗尽层宽度W_d对于反向偏置电压 V 的依赖性

▶▶【附录8】载流子的产生与复合

半导体中电子以及空穴的产生以及复合是同时在进行的。净复合速度 U 可以用下面的式子来表示[3]。

$$U = R - G$$

$$= \frac{pn - n_i^2}{\tau_h(n + n_i) + \tau_e(p + n_i)}$$
(A8.1)

这里 R 及 G 是在单位时间内载流子的复合及产生的速度。PN 积相对于热平衡状态的 n_i^2 偏移的量决定了 U 的**驱动力**（driving force）大小。PN 积如果比 n_i^2 大，就会趋向于回到热平衡值而引起复合，PN 积如果比 n_i^2 小，就会引起产生过程。

在此我们来看一看 PN 结二极管中的载流子的产生和复合。

（1）正向偏置（$pn \gg n_i^2$）。

首先来考虑空间电荷区（即图 3.16 中的区域②）。当复合达到最大的时候即是 $n = p$ 的时候。正向偏置中存在 $pn \gg n_i^2$，U 在 $n = p$ 时可以用下面的式子来表示：

$$U \approx \frac{n}{\tau_e + \tau_h}$$
(A8.2)

捕获需要的时间为 τ_e 与 τ_h 之和（请参考图 3.17）：

接着考虑一下空间电荷区之外的 P 型区（图 3.16 的区域

注释3：陷阱能级如果正好处于 E_g 的中央位置，复合的效率会很高（请参考第 3 章的注释 25）。这里假设陷阱能级处于 E_g 的中央位置附近的 E_i 处。

③）。在小注入以及中注入状态下的复合，会如下面的分析所述。多数载流子 p_p 与 N_a^- 相等，少数载流子 n_p 以及 n_i 和 N_a^- 相比会非常少（$p_p \approx N_a^-$，$n_p \ll N_a^-$，$n_i \ll N_a^-$）。此时，式子（A8.1）由于 $n_{p0} \approx n_i^2/N_a^-$ 这一条件可以变形为：

$$U \approx \frac{n_p - n_{p0}}{\tau_e} \qquad (A8.3)$$

此时陷阱能级中作为多数载流子的空穴已经排好了队，就等着捕获作为少数载流子的电子了。因此捕获需要的时间为 τ_e。

而在大注入状态的情况下，在区域③中过剩的电子与空穴会复合，然后达到 $n=p$ 的局面。因此 U 可以用下面的式子来表示：

$$U \approx \frac{n}{\tau_e + \tau_h} \qquad (A8.4)$$

捕获需要的时间为 $\tau_e + \tau_h$。比起小注入与中注入状态，时间要更长。

（2）反向偏置（$pn \ll n_i^2$）。

反向偏置时，耗尽层（图 3.19 的区域②′）中的 n 以及 p 和 n_i 相比几乎可以忽略不计。因此 U 可以用下面的式子来表达：

$$U \approx -\frac{n_i}{\tau_e + \tau_h} \qquad (A8.5)$$

此外反向偏置中会有电子和空穴的产生，所以 U 的符号为负。

耗尽层之外的 P 型区（图 3.19 中的区域③′）中，U 是和式（A8.3）一样的。只是由于反向偏置且 $n_p \ll n_{p0}$，U 可以用下面的式子来表示。

$$U \approx -\frac{n_{p0}}{\tau_e} \qquad (A8.6)$$

图 A8.1 中展示的是少数载流子的寿命与掺杂浓度相关性。

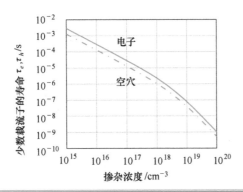

图 A8.1　少数载流子的寿命对于掺杂浓度的依赖性

▶▶ 【附录 9】 小信号下的共发射极电路的电流放大倍数

图 4.7 的共发射极的电流放大中，处理的是小振幅的交流信号。因此用的并非直流的共发射极的电流放大倍数 h_{FE}，而是小信号的电流放大倍数 h_{fe}。h_{fe} 可以用下面的式子来定义：

$$h_{\text{fe}} \equiv \frac{\mathrm{d}I_C}{\mathrm{d}I_B} \qquad (\text{A9.1})$$

h_{fe} 以及 h_{FE}，根据其定义有下面的关系：

$$h_{\text{fe}} = \frac{h_{\text{FE}}}{1 - \dfrac{I_C}{h_{\text{FE}}}\dfrac{\mathrm{d}h_{\text{FE}}}{\mathrm{d}I_C}} \qquad (\text{A9.2})$$

h_{FE} 如果不随 IC 的变化而变化时（$\mathrm{d}h_{\text{FE}}/\mathrm{d}I_C = 0$），则有 $h_{\text{fe}} = h_{\text{FE}}$。

图 A9.1 是小信号电流放大倍数 h_{fe} 对于频率的依赖性。处

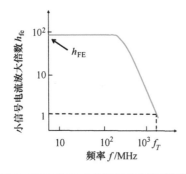

图 A9.1　小信号电流放大倍数的频率相关性

注释4：频率变高之后 IC 和 IB 之间会出现相位差，因此这里的 h_{fe} 取的是绝对值。

注释5：本来截止频率是指 $|h_{fe}|$ 减少到 h_{FE} 的 $1/\sqrt{2}$ 时的频率。然而，一般情况下使用 $|h_{fe}|$ 为 1 的频率作为 f_T，以表示共发射极电路的高频上限。

注释6：带隙变窄在光学上的测定结果和以 PN 积为基础的电气特性是有差异的。电气特性上得到的结果为"显而易见"的 E_g 变窄，记作 ΔE_g^{app}（app 是英文 apparent 的略写）。

于低频时，直流电的电流放大倍数为 h_{FE}。然而变成高频之后，双极性晶体管无法追随信号的变化，以至于 $|h_{fe}|$ 会变得很低[4]。$|h_{fe}|$ 为 1 的频率被定义为截止频率 f_T[5]。

▶▶【附录10】带隙变窄以及少数载流子迁移率

掺杂浓度在大于 $10^{17}\,\mathrm{cm}^{-3}$ 时，会发生带隙（能隙）E_g 变窄等高掺杂现象。这会影响到少数载流子，进一步严重影响双极性晶体管的特性。在此说明带隙变窄以及少数载流子迁移率的相关内容。

图 A10.1 是 E_g 变窄时——即**带隙变窄**（bandgap narrowing）的说明图。掺杂之后会形成杂质能级。当掺杂浓度达到 $10^{17}\,\mathrm{cm}^{-3}$ 之上时，杂质原子之间会有相互作用，会发生波函数重叠。其结果是杂质能级会分裂并形成**杂质能带**（impurity band）。此外受到杂质的**统计起伏**（statistical fluctuation）的影响，会形成杂质带尾（tail）。由于这些因素使得 E_g 会变得狭窄，而变窄的量记作 ΔE_g^{app}[6]。热平衡的 PN 积是会随着 $n_i^2 \cdot \exp[\Delta E_g^{app}/(kT)]$ 的增大而增大的。带隙变窄带来的影响，可以通过将 n_i 置换

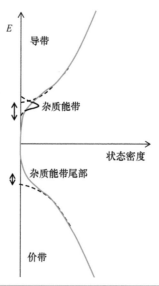

图 A10.1 带隙变窄 ΔE_g^{app} 的说明图

为下面的有效本征载流子浓度 n_ie 后进行考量[7]。

$$n_{ie} = n_i e^{\frac{\Delta E_g^{app}}{2kT}} \tag{A10.1}$$

图 A10.2 展示的是，ΔE_g^{app} 对于掺杂浓度的依赖性。这是通过改变双极性晶体管的基区浓度并从集电极电流变化中收集到的关系[8]。中注入状态下为了保持电荷中性，多数载流子并不会变化，PN 积的增大几乎就是少数载流子的增大。ΔE_g^{app} 对于少数载流子密度有巨大的影响。

注释 7：ΔE_g^{app} 是掺杂浓度的函数，杂质分布不均匀的情况下，n_ie 在各处大小不同。

注释 8：这里的 ΔE_g^{app} 的提取过程中假定了迁移率 μ 以及本征载流子密度 n_i。1976 年发表的关于 ΔE_g^{app} 的模型虽然被广泛使用，论文中作者也指出提取过程中假设的移动度是非常模糊的。使用了关于 μ 以及 n_i 的正确模型并校正后的 ΔE_g^{app} 发表于 1992 年。

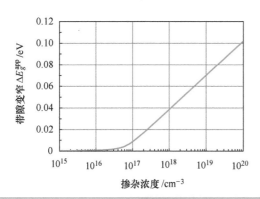

图 A10.2　带隙变窄 ΔE_g^{app} 对于掺杂浓度的依赖性

接下来阐释掺杂浓度较高的情况下的**少数载流子迁移率**（minority carrier mobility）。图 A10.3 展示的是电子与空穴的载流子的迁移率。掺杂浓度较高时，少数载流子迁移率会比多数载流子的迁移率大两倍以上。

过去，比起 N 型半导体中的电子的迁移率，在电子作为少数载流子发挥作用的 P 型半导体中，电子迁移率会更大这一点为人们所知。然而这个外在现象并未揭露出现象的本质。

这里使用图 A10.4 来说明电子的迁移率。现象的本质并非少数载流子或是多数载流子，而是和电子发生散射的对象是阳离子还是阴离子的区别。图 A10.4（a）为阳离子，图 A10.4（b）为阴离子发生的散射。一次作用后，两者的散射几乎相同。然而在受到二次作用影响时，阳离子的情况中电子受到吸引导致散射变强，而反过来阴离子的情况下由于排斥的

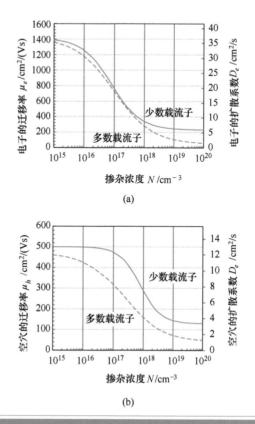

图 A10.3 （a）电子以及（b）空穴的少数载流子迁移率对掺杂浓度的依赖性（图中同时展示了对应的扩散系数）

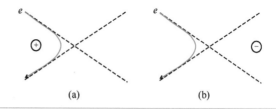

图 A10.4 对于（a）阳离子以及（b）阴离子两种情况下的电子的杂质散射示意图

作用，散射变弱了。因此电子与正的施主离子（N 型半导体）发生散射时的迁移率，会比在电子与负的受主离子（P 型半导体）发生散射时的电子迁移率大。

接下来求出扩散长度。电子的扩散长度 L_e 为：

$$L_e = \sqrt{D_e \tau_e} \qquad\qquad (A10.2)$$

从图 A10.3 中所示的扩散系数 D_e 与图 A8.1 所示的寿命 τ_e 可求出 L_e。同理可得空穴的扩散长度 L_h。图 A10.5 中展示的是少数载流子的扩散长度对掺杂浓度的依赖性。

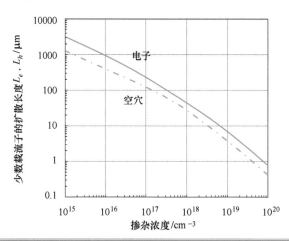

图 A10.5　少数载流子的扩散长度对掺杂浓度的依赖性

▶▶【附录 11】阈值电压 V_{th}

图 A11.1（a）是 MOS 电容器的结构。V_{th} 定义为氧化膜/P 衬底界面上的电子密度 n_S 和耗尽层前端（P 衬底一侧）的掺杂浓度 N_a^- 相等时的电压。此外为了简化说明，假设 P 衬底的掺杂浓度恒定为 N_a^-，而栅极的耗尽层可以忽略不计。

V_{th} 如图 A11.1（b）所示，其数值大小是为了产生 n_S 的 Si 表面电动势 ϕ_s，氧化膜中的电动势下降 V_{ox}，以及 V_{FB} 三者的和。V_{FB} 为由于栅极和衬底的材料差异所需要的补偿数值。

$$V_{th} = \phi_s + V_{ox} + V_{FB} \qquad (A11.1)$$

3 个项分别可以用下面的式子来表示。Si 的表面电动势可以写成（A11.2）[9] 这一式子。

$$\phi_s = 2\phi_b \qquad\qquad (A11.2)$$

这里有式（A11.3）。

注释9：衬底一侧的 E_F 以及 E_i 的差为 $q\phi_b$。而表面一侧的 n_S 和 N_{sub} 相等的时候，E_F 与 E_i 的差为 $q\phi_b$。两者合起来可得 ϕ_s 为 $2\phi_b$。

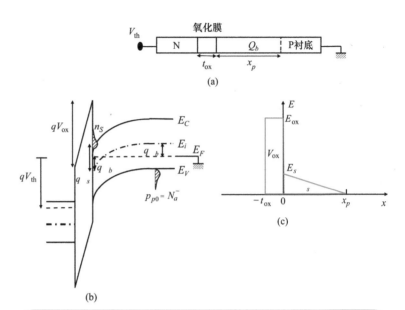

图 A11.1　V_{th} 的说明。(a) MOS 电容器的结构，(b) 能带图，(c) 电场分布

$$\phi_b = \frac{kT}{q}\ln\left(\frac{N_a^-}{n_i}\right) \tag{A11.3}$$

氧化膜中电动势下降，其数值等于图 A11.1 (c) 中的电场强度与 X 轴包围形成的图形面积（$\int E\mathrm{d}x$），可得：

$$V_{ox} = E_{ox} \cdot t_{ox}$$

$$= \frac{Q_b}{\varepsilon_{ox}} \cdot t_{ox} \tag{A11.4}$$

$$= \frac{Q_b}{C_0}$$

V_{FB} 可以用下面的式子来表示。其中 N_G 为栅极的掺杂浓度。

$$V_{FB} = -\left[\frac{kT}{q}\ln\left(\frac{N_G}{n_i}\right) + \frac{kT}{q}\ln\left(\frac{N_a^-}{n_i}\right)\right] \tag{A11.5}$$

因此 V_{th} 可以进一步写作下面的式子：

$$V_{th} = 2\phi_b + \frac{Q_b}{C_0} + V_{FB} \tag{A11.6}$$

此外 Q_b 可以使用耗尽层的宽度 x_p 表述为下面的式子。

$$Q_b = qN_a^- x_p \tag{A11.7}$$

x_p 可以用式 (A7.8)，即表示 PN 结二极管的单侧阶跃结的耗尽层宽度的式子来表达。

$$x_p = \sqrt{\frac{2\varepsilon_{\text{Si}}}{qN_a}2\phi_b} \qquad (A11.8)$$

MOS 晶体管的情况中，P 衬底上施加负的电压 V_{sub} 后，V_{th} 会变大。这是由于 V_{ox} 的增大导致的，这里阐述其内容。电子由源极供给并跨越沟道的势垒。也就是无论 V_{sub} 施加与否，势垒变低到表面的电子密度 n_s 与 N_a^- 相等之时，即为 V_{th}。施加 V_{sub} 的情况下，到 $n_s = N_a^-$ 成立为止能带是弯的，耗尽层会延展出去，Q_b 会随之增加。因此氧化膜中的电动势下降，V_{ox} 会变大，V_{th} 变高[10]。

注释10：源极接地时，电动势的基准为源极的费米能级。

▶▶【附录 12】关于漏极电流 I_D 饱和的解释

漏极电流饱和的原因之前在 6.2.4 节中论述过，是源极端的电场强度 E_s 饱和造成的。在此，我们进一步详细说明。

沟道的源极近旁的载流子速度 v_S 中包含了如图 A12.1 所示的源极流向沟道的 v_{Sf}，以及向源极回流的 v_{Sb}。从源极注入的载流子的其中一部分会由于沟道的杂质以及表面的散射而导致其返回至源极 (back flow)。图 A12.1 (a) 中的 $V_D = 0\text{V}$ 的情况下，v_{Sf} 以及 v_{Sb} 的大小相等方向相反，因此净 v_S 为 0，没有电流流动。图 A12.1 (b) 中的线性区 ($V_D < V_{\text{Dsat}}$) 的情况中，通过施加 V_D，使得从沟道返回源极的载流子的回流现象减少，I_D 随之增加。也就是说，从源极到沟道的流动是不取决于 V_D 而恒定的，但是沟道向源极回流的现象可以通过 V_D 的增减来控制。图 A12.1 (c) 的饱和区 ($V_D \geqslant V_{\text{Dsat}}$) 的情况中回流饱和，其结果是 I_D 饱和。

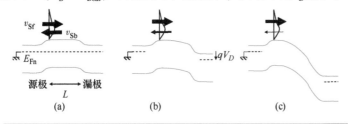

图 A12.1 关于漏极电流饱和的解释。(a) $V_D = 0\text{V}$，(b) 线性区 ($V_D < V_{\text{Dsat}}$)，(c) 饱和区 ($V_D \geqslant V_{\text{Dsat}}$)